実践!
GeneXusによる
システム開発

開発ノウハウをドリル形式で集約

JBCC株式会社 著

はじめに

　本書をお手に取られたということは、アプリケーション開発に課題をお持ちなのだと思います。アプリケーション開発の生産性向上、保守性向上、レガシー化防止、属人化防止は永遠の課題です。

　近年、高速開発をキーワードに開発手法や開発ツールが注目されることが多くなりました。2013年8月に超高速開発コミュニティが発足したのも、そのあらわれかと思います。

　2013年と言いますと、弊社がGeneXusを採用した年でもあります。採用理由は、冒頭申し上げた生産性向上、保守性向上、レガシー化防止、属人化防止の全てに効果があると判断したためです。

　Webシステム開発はWeb3層アーキテクチャと共にHTML、CSS、JavaScript、Ajax、RESTやSOAP、Data Base、さらにJavaやSQLなどの広大かつ膨大な知識が必要です。
　そのため、Webシステム開発者を育てるにはかなりの期間とコストを要し、ユーザー企業の情報システム部門だけでなく、開発ベンダーとしても頭の痛い問題です。

　GeneXusには、生産性向上などの他に従来のプログラミング言語と比べて習得が非常に早いと言う特徴もあります。弊社事例では、新人や従来のプログラミング言語の技術者であっても1～2か月の教育でGeneXusの初級技術者として実プロジェクトに従事しております。

　本書は、弊社で実施している無償ハンズオンセミナの内容に加えて、業務システムに必要と考える各種機能の作り方をまとめたものです。GeneXusを検討する方には、どんなツールなのか、その一端をご確認いただけると思います。GeneXusをこれからご利用される方には、本書にてGeneXus技術者への一歩を踏み出していただけましたら幸いです。

この本の使い方

　弊社では、GeneXusの導入により画期的なスピードでの高品質なアプリケーション開発と、圧倒的な保守性を手に入れることができました。アプリケーション開発・保守の心配が少なくなったことで、業務ヒアリングなどへの注力が可能となり、お客様目線の品質向上につながっています。

　本書は、このように素晴らしいツール「GeneXus」を知っていただきたいとの思いで執筆しました。とはいえ何事も本を読むだけでは理解がむつかしく、やってみることで理解が早まります。GeneXusをまだお持ちでない方は体験版をお申込みいただき、本書の内容をなぞっていただきたいと思います。体験版や各種セミナのお申し込み、本書でご紹介する各機能のサンプルダウンロードについては「お問い合わせ先」をご参照ください。

　本書は3部で構成しています。
　第1部は「"生涯現役"の業務システムを具現化するGeneXusの真価」について、GeneXusの日本総代理店であるGeneXus Japan社の大脇社長にインタビューしたGeneXusのコンセプトや導入メリット、描く未来などをご紹介します。GeneXusをご検討、ご採用いただくお立場の方へのメッセージです。
　第2部は「はじめの一歩」です。GeneXusの初期設定と、4機能7画面1バッチを作るところまで紹介しています。弊社にて無償で開催しているハンズオンと同じ内容で、アプリケーション開発の経験がない方にも読んでいただけると思います。「はじめの一歩」は、本書を読み進めていただくための前提となる章ですので、必ずご一読ください。
　第3部は「GeneXusドリル」です。本書のメインとなる章です。執筆にあたり、業務アプリケーションの開発でニーズが高いと思われる機能を選定しました。可能な限り単機能に分割して1章としましたので、漢字ドリルや計算ドリルのようにテンポよく読み進めていただけると思います。
　第3章を実施する場合は「第2章　はじめの一歩」を実施済みであることが前提となります。未実施の場合は、「第2章　はじめの一歩」のサンプルプログラムをダウンロードし、インポートしてから始めてください。インポート手順は「無償セミナー、サンプルダウンロードのご紹介」に記載しましたのでご参照ください。

　各章はなるべく独立して成立するようにしました。「はじめの一歩」を読んで（やって）おくことが前提となりますが、順番に読む必要はありません。確かめたい章をピックアップし読んで（やって）みてください。
　本書では機能の正常処理をターゲットとし、ほとんどの場合エラー処理を考慮していません。GeneXusに慣れてきたら、エラー処理を追加してみてください。

本書で紹介するGeneXusの各オブジェクトや関数、プロパティなど詳細についてはGeneXus Wikiを参照してください。GeneXus WikiはInternetで公開されており、無償でどなたでも閲覧可能です。GeneXus Wikiを使いこなすと、より深くGeneXusを習得できます。

開発言語もツールも、実際に使ってみるとその良さや注意点が見えてきます。GeneXusを検討するにあたり、本書がお役に立ちましたら幸いです。

無償セミナー、サンプルダウンロードのご紹介

◆GeneXus ──革新的な生産性向上を実現する開発ツール

GeneXusご紹介サイト｜https://agile-x.jbcc.co.jp/lineup/genexus/genexus.html

ハンズオン：製品概要のご紹介、実際にGeneXusを使って4機能7画面1バッチ作成

- ・システム開発・保守効率を劇的に向上させたいお客様
- ・システムの内製化を目指すお客様
- ・GeneXusの用語・基本操作を覚えたいお客様

セミナーお申込み｜https://agile-x.jbcc.co.jp/event/

体験版：ご評価期間は30日

GeneXusを実際に使ってみていただくことで、本書を最大限にご活用いただけます。
ぜひお申込みください。お手続きを返信いたします。
体験版お申込み｜https://agile-x.jbcc.co.jp/genexus-trial/

サンプル：「はじめの一歩」「GeneXusドリル」で紹介した機能のサンプルプログラム

本書で紹介しているサンプルプログラムは、本書の内容を効率的に理解していただくために、個人的使用のみを目的として提供されるものです。本プログラムの頒布や商業的利用はできませんのでご注意下さい。
サンプルお申込み｜https://agile-x.jbcc.co.jp/download/gxkb/dlform.html

サンプルプログラムは、以下の手順でナレッジベースにインポートしてお使いください。
1．「第2章　はじめの一歩」の「2-1　GeneXusの起動」を実施
2．「第2章　はじめの一歩」の「2-2　ナレッジベースの作成」を実施
3．「第2章　はじめの一歩」の「2-3-2　アプリケーションの実行」の【1】【2】【4】を実施
4．ナレッジマネージャ＞インポート を開きます

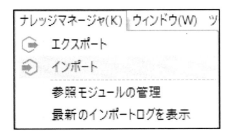

5．「…」ボタンを押下して目的の章のXPZファイルを選択します

6．「ファイル内オブジェクト」欄の内容が表示されたら、「インポート」ボタンを押下します

◆Xupper Ⅱ ──プロジェクトを成功させる上流工程支援ツール

Xupperご紹介サイト | https://agile-x.jbcc.co.jp/lineup/xupper/products-xupper.html

紹介セミナー：Xupper Ⅱコンセプト、上流工程の分析・設計についてデモを交えて解説

・システムの分析、設計から保守までトータルな品質/生産性向上をお考えのお客様
・システム要員の早期育成をお考えのお客様

ハンズオン：製品概要、操作体験（業務フロー、業務ルール、ERD、画面設計）

・業務フロー（運用手順）を重視したシステム開発を目指すお客様
・業務システムの改善や保守効率向上を目指すお客様
・Xupper II用語・基本操作を覚えたいお客様

セミナーお申込み｜https://agile-x.jbcc.co.jp/event/

体験版：ご評価期間は30日

インストールと同時にサンプルがセットアップされますので、すぐにご評価いただけます。
体験版お申込み｜https://agile-x.jbcc.co.jp/download/xupper-trial/dlform.html

ユーザ事例：Xupper IIユーザ事例紹介セミナー小冊子

毎年ユーザ事例紹介セミナーを実施しており、一部を冊子化して配布しています。
ユーザ事例ダウンロード｜https://agile-x.jbcc.co.jp/documents/case/

◆JBCCアジャイル ──圧倒的なスピードと品質を実現する開発手法

JBCCアジャイルご紹介サイト｜https://agile-x.jbcc.co.jp/lineup/agile/agile.html

基幹システム開発への適用をも可能とするために開発した、JBCCオリジナルのアジャイル開発手法です。

・開発・保守効率向上・品質向上を目指したい
・アジャイル開発に取り組むのが難しい

とお考えのお客様に参考にしていただけると思います。

目次

はじめに ……………………………………………………………………………… 2

この本の使い方 ……………………………………………………………………… 3

無償セミナー、サンプルダウンロードのご紹介 ………………………………… 5

◆GeneXus ——革新的な生産性向上を実現する開発ツール ………………… 5

◆Xupper II ——プロジェクトを成功させる上流工程支援ツール …………… 6

◆JBCC アジャイル ——圧倒的なスピードと品質を実現する開発手法 ……… 7

第1章 "生涯現役" の業務システムを具現化する GeneXus の真価 ………… 11

第2章 はじめの一歩 ……………………………………………………………… 17

2-1 GeneXus の起動 ……………………………………………………………… 18

2-2 ナレッジベースの作成 …………………………………………………… 19
   2-2-1 ナレッジベース作成 ……………………………………………………… 19
   2-2-2 ナレッジベースのデフォルト設定変更 ………………………………… 20

2-3 トランザクションオブジェクトの登録 ……………………………………… 22
   2-3-1 顧客、商品、受注の各トランザクション定義 ………………………… 22
   2-3-2 アプリケーションの実行 ………………………………………………… 26

2-4 データベース変更を伴う項目追加 ………………………………………… 31
   2-4-1 トランザクションへの項目追加 ………………………………………… 31
   2-4-2 アプリケーションの実行 ………………………………………………… 32

2-5 業務要件の追加・変更 …………………………………………………… 34
   2-5-1 自動ナンバリングの定義 ………………………………………………… 34
   2-5-2 式の定義 …………………………………………………………………… 35
   2-5-3 初期値の設定 ……………………………………………………………… 36
   2-5-4 入力不可の設定 …………………………………………………………… 37
   2-5-5 入力条件の定義 …………………………………………………………… 37
   2-5-6 アプリケーションの実行 ………………………………………………… 38

2-6 テーブルダイアグラムの作成 …………………………………………… 39
   2-6-1 ダイアグラムの定義 ……………………………………………………… 39

2-7 Work With の利用 …………………………………………………………… 41
   2-7-1 Work With の適用 ………………………………………………………… 41
   2-7-2 アプリケーションの実行 ………………………………………………… 41
   2-7-3 検索条件の変更 …………………………………………………………… 42
   2-7-4 表示項目の変更 …………………………………………………………… 43
   2-7-5 Excel 出力機能追加 ……………………………………………………… 43
   2-7-6 アプリケーションの実行 ………………………………………………… 44

2-8 アプリケーションに商品出荷機能を追加 …………………………………… 45
   2-8-1 商品 Transaction へ項目追加 …………………………………………… 46
   2-8-2 商品出荷 Procedure の作成 …………………………………………… 46
   2-8-3 商品出荷指示 Web Panel の作成 ……………………………………… 48
   2-8-4 処理ロジック（Events）の追加 ……………………………………… 52
   2-8-5 アプリケーションの実行 ………………………………………………… 54

第3章　GeneXus ドリル ……………………………………………………………… 55

  3-1　開発準備編 ……………………………………………………………………… 56

    3-1-1　ログイン、セッション編 …………………………………………………… 56

    3-1-2　リンク型メニュー編 ………………………………………………………… 84

    3-1-3　ツリー型メニュー編 ………………………………………………………… 96

    3-1-4　排他制御編 …………………………………………………………………… 131

  3-2　Web システム開発編 …………………………………………………………… 150

    3-2-1　既存 DB 活用編 ……………………………………………………………… 150

    3-2-2　CSV インポート編 …………………………………………………………… 159

    3-2-3　CSV エクスポート編 ………………………………………………………… 168

    3-2-4　Excel インポート編 ………………………………………………………… 174

    3-2-5　Excel エクスポート編 ……………………………………………………… 186

    3-2-6　添付ファイル編 ……………………………………………………………… 196

    3-2-7　バッチ開発と呼び出し方編 ………………………………………………… 247

    3-2-8　複数 DB 接続編 ……………………………………………………………… 275

    3-2-9　自己参照編 …………………………………………………………………… 296

  3-3　iPhone（スマートデバイス）編 ……………………………………………… 305

    3-3-1　バーコード、QR コード、写真編 ………………………………………… 305

    3-3-2　GPS、マップ活用編 ………………………………………………………… 323

  3-4　運用・デバッグ編 ……………………………………………………………… 384

    3-4-1　簡易デバッグ編 ……………………………………………………………… 384

    3-4-2　出力 SQL 確認編 ……………………………………………………………… 402

    3-4-3　テキスト書き出し編 ………………………………………………………… 407

    3-4-4　デプロイ（WAR 作成、Tomcat）編 ……………………………………… 433

あとがき　〜システム開発上流工程の重要性 …………………………………… 447

索引 …………………………………………………………………………………… 448

著者紹介 ……………………………………………………………………………… 451

1

第1章 "生涯現役"の業務システムを具現化するGeneXusの真価

◉

世に「高速開発ツール」とも呼ばれるジャンルに属するGeneXus
に込められた設計思想とは？　ユーザーにもたらす価値とは？
ジェネクサス・ジャパン株式会社の代表を務める大脇文雄氏に話
を伺った。

経営とITは密接不可分になっていることは誰もが知るところ。企業を取り巻く環境の変化が益々激しくなる中で、ビジネスを支える各種の業務システムもまたしなやかに追随することが重要になっている。しかし、それが一筋縄ではいかない。長く使っているうちに"システムの中身"が正確に把握しきれなくなり、改修しようにも手が出せない状況に陥っている例は枚挙に暇がない。いわゆるレガシーシステムだ。古くからの業務フローに縛られ硬直化した企業に競争力は宿らない。ここにメスを入れるには、欲しい機能を素早く実装できると共に保守運用にも手間が掛からない開発環境、別の表現をするなら「生涯現役」のシステムを具現化する開発環境を手に入れなければならない。その急先鋒として注目されているのが「GeneXus」だ。（聞き手は、インプレス「IT Leaders」編集委員 川上潤司）

レガシーシステムが日本企業の足かせに

　日本企業は早期からITを活用してきました。私がかつて勤めていた証券会社が最初にコンピュータを導入したのは1956年のこと。それから60年以上を経た現在、業種・業界、規模を問わず、多くの企業にITが浸透しているのは多くが知るところでしょう。

　その間、生産管理や販売管理など、ビジネスを効率的に回すためのシステムをこつこつと築き、およそ必要となるものは一巡したきらいがあります。それらは企業にとって大きな財産のはずなのですが、一転して"負債"として企業に重くのしかかる側面が露呈し始めました。

　多くのシステムにおいて、その時々に出てくる新しい要件を満たそうと継ぎ接ぎでプログラムを拡張させてきた歴史があります。直接の開発担当者も当然ながら入れ替わるわけですが、きちんとドキュメントを残して引き継いで来たケースは極めて希。そこに手を掛ける時間より、新規開発の時間を優先してきたのです。

　その結果、肥大化したシステムの"中身"が分からなくなってしまった。プログラムのコードにしてもデータベースの設定にしても、そもそもどんな業務要件を満たそうとしたものかが見通せないのです。ある所までは力業でできたものも自ずと限界があります。さらに屋上屋を重ねようにも、どこから手を付けるべきかも分からないし、どこに悪影響を与えてしまうかも分からない。お手上げです。

　他方、ITの世界が級数的な勢いで進化するようになったのはご存じの通りです。プラットフォームにしてもプログラム言語にしてもデバイスにしても、次々と新しいものが出てきます。旬なものをキャッチアップしようにも、前述のスパゲティ状態のプログラムから成り立ったシステムがそれを許さない状況に追い込まれました。

"触らぬ神に祟り無し"とばかりに、現状のシステムを何とか延命させることで精一杯。プロセスを変えれば顧客価値が上がるようなアイデアがあったとしても、まずシステムありきで従前からの回し方に依存せざるを得ない。業務を支援するはずのものが、いつしか業務を束縛する存在に成り下がってしまったとも言えるでしょう。

　一つひとつの業務がどのようなプロセスやルールで構成されているのか。その時に出てくる

用語は何を意味するのか。そこでやり取りされる情報はどのようなものであるべきか……。仕事は既存システムに則って遂行するものとの凝り固まった発想が現場に根付いてしまうと、組織は業務知識を失い、そもそも今のやり方がベストなのかを疑ってかかる力も失ってしまう懸念があるのです。

このように、硬直化した従前からのシステム資産、すなわち「レガシーシステム」が今、企業のあちこちに弊害をもたらすようになってしまった。日本よりもはるかに遅れてコンピュータの導入を開始したアジア諸国が、足かせがない分だけ自由に動き回り、先進ITにも貪欲に取り組んでいることには忸怩たる思いがあります。

「当社はITに膨大な投資をしてきた」と胸を張る経営者もいることでしょう。しかし、その大半が既存システムの"お守り"に充てられ、戦略領域に十分に回っていないのが実状です。この構図を抜本から変えなくてはならない。同じ轍を踏むことなく、"生涯現役"で稼働し続けるシステムを創ることに知恵を注がなければいけない。そこには新機軸が必要であり、GeneXus（ジェネクサス）はまさにこの問題にフォーカスしたツールなのです。

開発生産性のみならず、メンテナンス負荷の抑制も

GeneXusは、システム開発者が定義した設計情報を基にアプリケーション（プログラムコード）とデータベースを自動生成するツールで、大括りで言えば、市場で高速開発ツールと呼ばれているカテゴリに属します。様々な言語のプログラムを100%自動生成するため、開発者によるコーディングの属人性の排除をはじめ、新技術対応にかかる教育コストの削減、そして、開発や保守メンテナンスにおける高品質・生産性向上に大きく寄与します。

「設計情報を基にプログラムを自動生成しよう」という試みは従前からあって、業務要件から導いたデータモデルやUML（統一モデリング言語）で表現した情報を定めればプログラムがジェネレートされる製品が市場にはいくつも見受けられます。もっとも、業務知識だけを記述すればよいというものではなく、データベースなど少なからず「変化し続けるIT」を意識しなければならない故に陳腐化や属人化、不可視性などのリスクを内包してしまうことにつながってしまうのです。

この点、GeneXusは純粋な意味での「業務の記述」をすればプログラムやデータベースが自動生成できることに大きな特徴があります。少し突っ込んだ話をすると、この技術の基となっているのは、ウルグアイ共和国大学のブレオガン・ゴンダ教授が提唱した数理論理学の述語論理。業務の記述（感覚的に言えばデータの記述が70%で、業務手続きの記述が30%）から推論によって「実現方法」の記述へと転換し、さらに指定した実装環境に合わせてプログラムやデータベースを生成するという一連の処理を自動的にこなすのです。

もう少しイメージしやすくするためにデータベースの設計・設定にフォーカスするなら、伝票や帳票、画面など、実際の業務で使っているものの中にある「データ項目」を収集・整理してGeneXusに投入すれば、データモデルが推論によって自動的に生成される。業務担当者の視

点から見えてくる項目（や属性）を明示的に指定すれば、理にかない正規化された形でデータベースが作られるということです。

何らかの理由でシステムを改修したいという要件が発生した際には、常に最上流の「業務の記述」に立ち返って変更を加え、速やかにプログラムやデータベースを自動生成し直す。再構築ではなく、あくまで再生成。業務とシステムが常に表裏一体となる構図を保つことにGeneXusの意義があります。

表裏一体とは言葉でこそ簡単ですが、その実践はなかなか難しいことです。例えば、あるシステムが本稼働に至って使い込んでいるうちに、「○○のデータも一緒に見られるようにしてくれないか」といったニーズが出てくるのは珍しくはなく、中身を知っている技術者が手っ取り早い方策として、データベースに手を加えて付け焼き刃的な対処をすることもまたありがちです。

些細なことに映るかもしれませんが、こうしたことが積み重なることで整然としていたはずのデータベースやシステムの構造が崩れ始め、気が付くと誰ひとりとしてシステム全体を見通せる人がいなくなってしまう。レガシーへの道まっしぐらで、事あるごとにシステムのメンテナンスに人も時間もお金もかかるようになってしまうのです。

GeneXusが推奨する開発スタイルに従っている限り、こうした問題は発生しません。動作環境などテクノロジーのことは一旦忘れて、業務の分析や記述に専念することで本来あるべきシステムを追求できるし、稼働後のフェーズでも余計な作業負荷に悩まされることはないのです。早期からGeneXusを活用している日本のある重工業のお客さまでは、規模の大きな13のシステムを運用していますが、それらの保守メンテナンスにあたっているのはわずか10名ほど。開発生産性のみならず運用生産性も抜本から変えるのがGeneXusのメリットと言えるでしょう。

最新テクノロジーを貪欲にキャッチアップ

ITの進化によってもたらされてきた大きな恩恵の一つとして「モビリティ」もまた見逃せないものです。スマートフォンやタブレット端末から業務システムを使えるようになったことで、企業の機動力や働き方の多様性がぐっと高まりました。これからはさらに、腕時計やメガネといったウェアラブルデバイスなどが業務の現場で使われることになるかもしれません。

企業システムの大きなアーキテクチャの変遷を振り返ると、メインフレームとダム端末から、サーバーとPCの組み合わせへと移り、さらにWebの技術を中核としたシステム、その延長線上として多様なデバイスへの対応と、いくつかの潮の変わり目を経験しながら最新型のものへと姿を変えてきました。とりわけ最近は、プラットフォームにしても言語にしてもユーザーインタフェース系の技術にしても次々と新しいものが登場し、"デファクト"と目されるものも移ろいやすくなっています。

こうした状況下において、企業はシステムをどうやって時代に追随させていくのかが悩ましい問題として浮上しています。俯瞰的に見れば"幹"としての業務プロセスは大きく変わらないのに、旬のテクノロジーをうまく取り込んでいかなければ競争力を失いかねない。ここで、

時間と工数とお金をかけて逐一、プログラムを書き直して対処していくのか？ ——当社からしてみれば、それは愚の骨頂。ひとまず乗り切ったとして、また次の節目で力業で臨むとなれば疲弊するばかりです。

こうした場面でGeneXusの本領が発揮されます。GeneXusを用いて一度システムを開発してしまえば、「再構築」ではなく、設計情報に基づく「再生成」によって速やかに新しいテクノロジーを身にまとえる。例えば、既存システムをiOSやAndroidなどのモバイル対応にしたいといったことが短期間のうちに実現できるのです。

当初はクライアント環境としてWindowsだけを想定していたGeneXusでしたが、Webテクノロジーを全面採用し、さらにはレスポンシブWebデザインやスマートデバイスへの対応を矢継ぎ早に進めてきました。この姿勢は今後も揺るぎません。ユーザーインタフェースの域にとどまらず、プラットフォームも含め、最新の技術を貪欲にフォローしていくことをお約束します。2018年10月には新版「GeneXus 16」のリリース（国内版は2019年）を予定しており、サーバレスアーキテクチャやコンテナ技術のDockerにも対応することも付け加えておきます。

それは言わずもがな、前述の「生涯現役」を貫くための施策です。GeneXusが最も届けたいユーザー価値です。その想いが結実している一つとして、30年近い歴史を誇る銀行業務向けパッケージの事例を紹介しましょう。GeneXusをベースに開発されたパッケージで、全世界60行以上の銀行に導入されています。Javaでいえば10万オブジェクトにも達する大規模なものですが、1989年以来、一度も再構築をしていません。テクノロジーの進展や規制緩和によって、次々と出てくる銀行の新たな要件にフォーカスし、それらを愚直に実装することでパッケージを進化させ続けてきました。設計情報に基づくプログラムの自動生成というGeneXusの特徴があればこそできたことなのです。

競争力を支えるシステムのあり方とは？

レガシーシステムとは単に「使われている技術やアーキテクチャが古い」ということを指すものではありません。誤解を恐れずに言えば、今あるべき業務の姿に正対した機能がきちんと備わっているのであれば、実態は何でも構わないわけです。収益力を上げるために、別の言い方をすれば顧客価値を上げるために、今ある業務の進め方が時代にそぐわなくなってしまった。理想の形に変えようとしてもシステムの融通が利かず身動きがとれない。あるいは、現行業務のあり方に疑いを持ってかかる文化が醸成されない。——これこそが大きな問題なのです。

市場競争がますます熾烈さを増す中で、スピード感のある変化対応力こそがものを言います。従来のように開発プロジェクトに何年もかけていては、完成した頃には状況がガラッと変わっていることが起こり得る。思ったことを素早く形にして実証し、改善のPDCAを回すことに集中する。まさに「走りながら考えアクションを起こす」ことの積み重ねが求められており、その取り組みにシステムが追従しなければならないのです。

繰り返しになりますが、業務のあるべき姿をデザインすることに集中し、プログラムコーディ

ングの工程を極限まで自動化できるのがGeneXusです。本書はその使い方を学ぶためのガイド
ブックですが、単に表層的な操作テクニックを習得することばかりに意識を向けず、経営に資
するシステム開発とはどうあるべきかという大局的な観点も片隅に入れながら臨んで頂ければ
幸いです。（談）

2

第2章　はじめの一歩

◉

顧客から商品を受注したときの処理を開発します。顧客・商品・
受注をGeneXusで作成（定義）し、その内容を実行します。項目
やルールを追加し、その内容が各機能に反映されていることを確
認します。GeneXusが推論したテーブルのダイアグラムを確認し
作成します。

2-1　GeneXusの起動

GeneXusの起動は、以下のアイコンから起動できます。

GeneXusが起動されると「開始ページ」が表示されます。

※GeneXus起動時、前回GeneXusを終了した時の状態が表示されます。

2-2 ナレッジベースの作成

　GeneXusアプリケーションを開発する際、ナレッジベース（Knowledge Base、以下「KB」）を作成します。KBには、GeneXusの定義が登録されます。今回は、顧客、商品、受注を作成します。

2-2-1 ナレッジベース作成

【1】メニューバーの ファイル>新規>ナレッジベース を選択します

「詳細」ボタンをクリックして、詳細の設定を行います。

	設定内容
名前	半角英数で任意のKB名を付けることができます。
ディレクトリー	KBを作成するフォルダです。初期値のままとします。
プロトタイプ環境	実行する環境に即したプログラミング言語を選択します。今回は「JavaEnvironment」を選択します。
言語	IDEのボタンのタイトルやメッセージ等の表示に使用される言語を選択します。初期値のままとします。（Japanese）

【2】入力内容を確認し、「作成」ボタンをクリックするとKBの作成が開始します

ナレッジベースの作成中。

2-2-2　ナレッジベースのデフォルト設定変更

【1】テーマ「GeneXusXEv2」をインポートします。画面左側 KBエクスプローラー＞カスタマイズ＞テーマ を選択し、「GeneXusXEv2」をチェックします

【2】画面左側 KBエクスプローラーでKB名を選択し、右クリックメニューのプロパティ F4 を表示します

【3】プロパティを変更します

・「Default Web Form Editor」：「Abstract Layout」から「HTML」に変更します。
・「Web Form Defaults」：「Responsive Web Design」から「Previus versions compatible」に変更します。プロパティ「Default Theme」の設定が自動的に「GeneXusXEv2」となります。

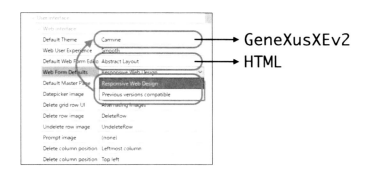

|||||||||||||||||||||||||||||||||||||||||||||||||||||||||||||||||||||||||||||||||||||||||||||||||||
★TIPS★　GeneXusのWebアプリケーションデザイン

　GeneXusで開発する場合、デフォルトとなるデザインは「Responsive Web Design」(RWD)です。様々な画面サイズ、特にモバイルデバイスの様に縦や横に持って使うことを想定する場合に有効な実装手段ですが、それぞれの画面サイズ向けにデザインが必要になります。（GeneXusでは4段階の画面サイズを定義できます）

　本書では従来型デザインを基本としているため、KBのプロパティを変更します。
|||||||||||||||||||||||||||||||||||||||||||||||||||||||||||||||||||||||||||||||||||||||||||||||||||

2-3 トランザクションオブジェクトの登録

　GeneXusアプリケーションの設計は必ずトランザクションの設計から始まります。トランザクションはGeneXusの一番重要となるオブジェクトの1つです。トランザクションを作成することで、物理テーブルと、そのテーブルに対して登録・変更・削除・照会を行うための画面と機能を自動生成してくれます。今回は、顧客、商品、受注をトランザクションに作成します。

2-3-1　顧客、商品、受注の各トランザクション定義

【1】メニューバーの ファイル＞新規＞オブジェクト を選択し、新規オブジェクト画面を表示します

- カテゴリを選択：　共通
- タイプを選択：　トランザクション
- 名前：　Kokyaku
- デスクリプション：顧客

【2】入力内容に間違いが無いことを確認し、「作成」ボタンをクリックします

【3】入力内容に顧客トランザクションを下記の表2-1で定義します

《トランザクションの定義内容》

・名前： Kokyaku

・デスクリプション： 顧客

●表2-1

名前	タイプ	デスクリプション
KokyakuId	Numeric(4.0)	顧客番号
KokyakuName	Character(20)	顧客名
KokyakuAddress	Address	顧客住所
KokyakuPhone	Phone	顧客電話番号

タイプ：「Address」や「Phone」は、GeneXusに登録されているドメインで、他に「Email」等があります。名前の最後の単語とドメイン名が一致する場合に自動的に設定されます。ドメインは独自に定義可能です。

●図2-1　顧客トランザクション登録結果

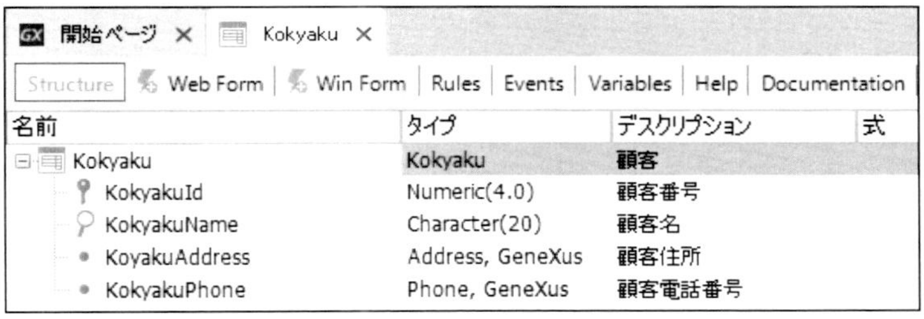

【4】手順3と同様に、商品トランザクションを下記の表2-2の通り定義します

《トランザクションの定義内容》

・名前： Shohin

・デスクリプション： 商品

●表2-2

名前	タイプ	デスクリプション
ShohinId	Numeric(4.0)	商品番号
ShohinName	Character(20)	商品名
ShohinTanka	Numeric(10.0)	商品単価

●図2-2　商品トランザクション登録結果

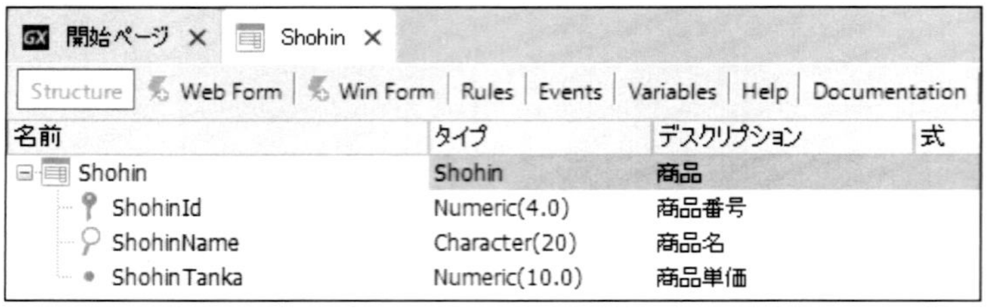

【5】手順3と同様に、受注トランザクションを下記の表2-3で定義します

《トランザクションの定義内容》

・名前：　Juchu

・デスクリプション：　受注

●表2-3

名前	タイプ	デスクリプション
JuchuId	Numeric(4.0)	受注番号
JuchuDate	Date	受注日付
KokyakuId	Numeric(4.0)	顧客番号
KokyakuName	Character(20)	顧客名
JuchuTotal	Numeric(10.0)	受注合計金額

●図2-3　受注トランザクション登録結果

【6】明細のトランザクションを下記の表2-4で定義します

「KokyakuName」を選択、メニューバーの 編集＞レベルを挿入 を選択します。

・名前：Meisai

・デスクリプション：明細

● 表2-4

名前	タイプ	デスクリプション
MeisaiSeq	Numeric(4.0)	受注行番号
ShohinId	Numeric(4.0)	商品番号
ShohinName	Character(20)	商品名
ShohinTanka	Numeric(10.0)	商品単価
JuchuSu	Numeric(4.0)	受注数量
JuchuSubTotal	Numeric(10.0)	受注小計

受注トランザクションに明細が含まれる形になります。

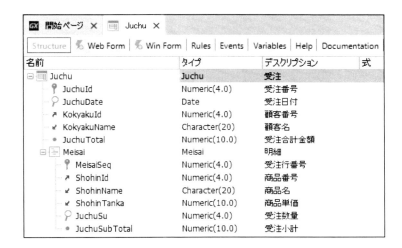

|||||||||||||||||||||||||||||||||||||||||||||||||||||||||||||||||||||||||||||||||||||||

★TIPS★　トランザクション登録時の便利な機能

① 新規オブジェクト画面の表示は、Ctrl + N キーでもできます。
② 項目属性登録時に「.」（ドット）入力でトランザクション名が設定されます。
③ 項目属性登録時に、「"」（ダブルクォート）入力で1つ前の項目の最後の単語を除いた名前が設定されます。
④ レベルの挿入は、Ctrl + → （カーソルキー）でも可能です。Ctrl + ← （カーソルキー）でレベルを戻すことができます。

|||||||||||||||||||||||||||||||||||||||||||||||||||||||||||||||||||||||||||||||||||||||

2-3-2　アプリケーションの実行

　これまでの登録内容を、実際のアプリケーション機能として画面を確認していきます。GeneXusアプリケーションの確認には「ビルド」と呼ばれる処理を行います。主に、データベーステーブルの再編成とアプリケーションのソース生成を行います。

【1】 F5 キーをクリックまたは、メニューバーの ビルド＞開発者メニューを実行 を選択します

　GeneXusはナレッジベースに追加された定義の影響を分析します。

【2】ビルドプロセスに必要なプロパティを設定画面が表示されるので、「接続を編集」ボタンをクリックし、アプリケーションデータベースに必要な情報を設定します

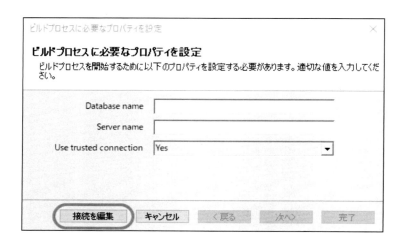

① 以下の内容を入力し「データベースを作成」をクリックします
　・ユーザー名：　sa
　・パスワード：　genexusxtrial
　・データベース名：　半角英数の任意

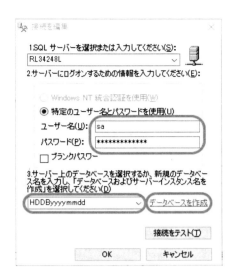

以下の画面が出たら「OK」ボタンをクリックします。

② 「接続をテスト」ボタンをクリックします

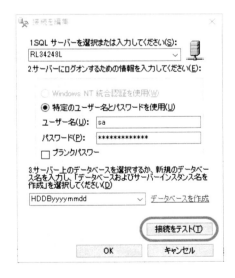

③ 接続テストが成功したら「OK」ボタンをクリックします

④ 「OK」ボタンをクリックします

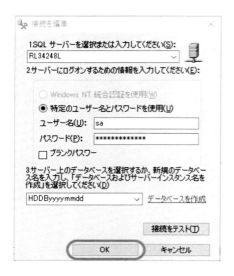

⑤ ビルドプロセスに必要なプロパティ設定画面で「完了」ボタンをクリックします

【3】影響分析タブが表示されるので「作成」ボタンをクリックして次に進みます

【4】開発者メニュー画面が表示されます

Juchu（受注）、Kokyaku（顧客）、Shohin（商品）が表示されます。
※開発者メニューは開発時に用いる簡易的なものです。一般的なプロジェクトではユーザー要求に従いメニュー画面を作成します。

【5】メニューのKokyaku（顧客）を選択し顧客画面を表示します

第2章　はじめの一歩　29

【6】データを登録・変更・削除します

　データ入力後「実行」ボタンをクリックすると "データが追加されました。" や、"データが更新されました。" 等のメッセージが表示されることを確認してください。

【7】同様にして商品画面や受注画面でデータを登録・変更・削除します

　メニュー画面を再度表示する場合は、 Ctrl ＋ F5 キーをクリックまたは、メニューバーのビルド＞ビルドせずに開発者メニューを実行 を選択します。

2-4 データベース変更を伴う項目追加

　GeneXusはデータベースに影響する変更が発生した場合も、全て自動生成してくれるので変更・修正が容易です。本書では、顧客トランザクションと受注トランザクションに項目を追加します。

2-4-1 トランザクションへの項目追加

【1】顧客トランザクションに 顧客メールアドレスを、顧客電話番号の下に追加します
　・名前： KokyakuEmail
　・タイプ： Email
　・デスクリプション： 顧客メールアドレス

【2】受注トランザクションに顧客電話番号を追加します
　・名前： KokyakuPhone
　・デスクリプション： 顧客電話番号

【3】同様に、受注トランザクションに顧客メールアドレスを追加します
　・名前： KokyakuEmail
　・デスクリプション： 顧客メールアドレス

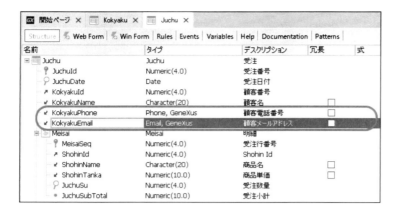

|||||||||||||||||||||||||||||||||||||||||||||||||||||||||||||||||||||||||||||||||||||||||||||||||||

★TIPS★　登録済みの項目について

① 入力値と一致する登録済みの項目名がサジェスト機能で表示されます。
② 項目属性登録時に「.」（ドット）入力でトランザクション名が設定されます。
③ 項目属性登録時に「"」（ダブルクォート）入力で1つ前の項目の最後の単語を除いた名前が設定されます。
④ レベルの挿入は、 Ctrl ＋ → キーでも可能です。 Ctrl ＋ ← キーでレベルを戻すことができます。

|||||||||||||||||||||||||||||||||||||||||||||||||||||||||||||||||||||||||||||||||||||||||||||||||||

2-4-2　アプリケーションの実行

【1】 F5 キーをクリックまたは、メニューバーの ビルド＞開発者メニューを実行 を選択します

【2】ナレッジベースに追加された定義の影響が影響分析タブに表示されるので「再編成」ボタンをクリックしてください

【3】実行するメニュー画面が表示されるので「顧客」を選択します

【4】顧客画面に、顧客メールアドレス項目が追加されています

【5】メニューで受注を選択し受注画面に、顧客電話番号と顧客メールアドレスの項目が追加されているのを確認して下さい

2-5　業務要件の追加・変更

さらに、自動ナンバリング、初期値設定、入力条件のチェック等といった、要望（ビジネスルール）の変更に応じた処理を登録します。

2-5-1　自動ナンバリングの定義

受注の新規登録時に受注番号を自動でナンバリングする定義を行います。

【1】受注トランザクションの「Juchuld」を選択します

【2】 F4 キーでプロパティを表示します

【3】「Autonumber」を「True」に変更します

【4】「Autonumber start」、「Autonumber step」を設定します

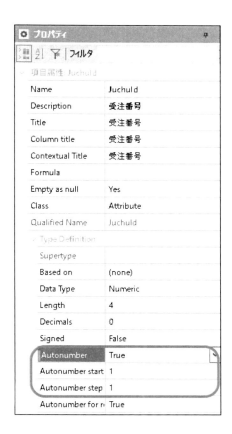

2-5-2 式の定義

受注入力画面の「受注小計」と「受注合計金額」を自動で計算する式の定義を行います。「JuchuSubTotal」と「JuchuTotal」に設定します。

【1】受注トランザクションの「JuchuSubTotal」を選択します

【2】式列の「…」ボタンをクリックすると表示される式エディター画面に以下の計算式を入力します

ShohinTanka * JuchuSu

第2章　はじめの一歩　｜　35

【3】同様に「JuchuTotal」に以下の式を入力します

```
Sum(JuchuSubTotal)
```

2-5-3　初期値の設定

受注入力画面の受注日付を処理日で初期表示する定義を行います。

【1】受注トランザクションの「Rules」エレメントを選択します

【2】「JuchuDate」の画面の受注日付を処理日付で初期値設定します

```
Default(JuchuDate,&Today);
```

※最後に「;」(セミコロン)を必ず付与してください。

|||||||||||||||||||||||||||||||||||||||||||||||||||||||||||||||||||||||||||||||||||||||||||||||||||

★TIPS★　ルールの入力について
① **Ctrl** + **Space** キーで命令や項目の選択が可能です。
② コメントは、行単位は「//」、範囲指定は「/*……*/」です。

|||||||||||||||||||||||||||||||||||||||||||||||||||||||||||||||||||||||||||||||||||||||||||||||||||

2-5-4　入力不可の設定

受注入力画面の受注番号は自動採番としたので入力不可の定義を行います。

【1】受注トランザクションの「Rules」エレメントを選択します

【2】「JuchuDate」の画面の受注番号を表示域にします

```
NoAccept(JuchuId);
```

※最後に「;」(セミコロン)を必ず付与してください。

2-5-5　入力条件の定義

顧客データ入力時に顧客名が未入力の場合の定義を行い、開発者メニューを実行します。

【1】顧客トランザクションの「Rules」エレメントを選択します

【2】「KokyakuName」が未入力の場合、エラーメッセージを表示します

```
Error( "顧客名の入力は必須です。" ) If KokyakuName.IsEmpty();
```

※最後に「;」(セミコロン) を必ず付与してください。

2-5-6　アプリケーションの実行

【1】 F5 キーをクリックまたは、メニューバーの ビルド＞開発者メニューを実行 を選択します

【2】ナレッジベースに追加された定義の影響が影響分析タブに表示されるので、「再編成」ボタンをクリックしてください

【3】実行するメニュー画面が表示されます

【4】顧客画面で、顧客名が未入力時はエラーメッセージが表示され登録できません

【5】受注画面の受注番号は出力域になっています
　受注日付は今日の日付が初期表示されています。実行ボタンをクリックすると、自動採番された受注番号で登録されます。

2-6 テーブルダイアグラムの作成

GeneXusが定義したテーブル間の関係、各テーブルの項目・属性を確認します。

2-6-1 ダイアグラムの定義

メニューバーの ファイル＞新規＞オブジェクト を選択し、「Diagram」を選択します。

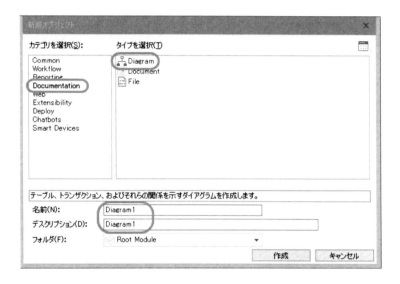

【1】「作成」ボタンをクリックしてください

　この時、名前、デスクリプションは変更しません。

【2】フォルダ表示で「テーブル」を全て選択してください

　メニューバーの 表示＞テーブル を選択すると次図の通り表示されます。

【3】全テーブルを選択し、「Diagram」エレメントにドラッグ＆ドロップします

　右上の下向き/上向きの矢印ボタン（次図中のA）をクリックすると項目の表示/非表示の切り替えができます。

【4】テーブル内容の表示

　1：N関係の1、N（次図中のB、C）で表示されます。キー項目は赤色の鍵のアイコン（次図中のD）で表示されます。緑色のフラスコのアイコン（次図中のE）が付与されている項目は論理項目属性を表し、テーブルには存在していません。

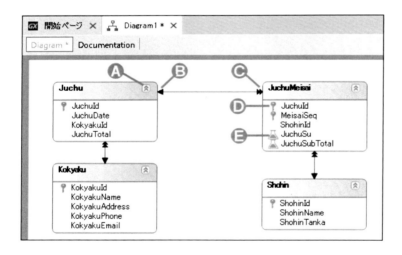

//
★TIPS★　デスクリプションの表示について
　項目の名前の後ろにデスクリプションの表示ができます。
　メニューバーの ツール＞オプション＞テーブルとトランザクションのダイアグラム＞項目属性のデスクリプションを表示で「True」を選択し、ダイアグラムを再表示します。
//

2-7　Work Withの利用

「Work With」はGeneXusのトランザクションオブジェクトに適用可能な標準機能です。Work Withを利用することで、マスタメンテナンス画面のような一覧画面が容易に定義できます。また、検索対象項目や表示項目の変更も容易に定義できます。本節では、「Kokyaku」トランザクションにWork Withを適用します。

2-7-1　Work Withの適用

【1】顧客トランザクションの「Patterns」エレメントをクリックします

Structure	Web Form	Win Form	Rules	Events	Variables	Help	Documentation	Patterns

【2】「Work With for WEB」タブをクリックし、「保存時にこのパターンを適用」にチェックを入れます

【3】顧客トランザクションを保存（ Ctrl ＋ S キー）します

2-7-2　アプリケーションの実行

F5 キーをクリックまたは、メニューバーの ビルド＞開発者メニューを実行 を選択します。

【1】「再編成」ボタンをクリックします

第2章　はじめの一歩　41

【2】実行するメニュー画面が表示されたら「WWKokyaku」をクリックします

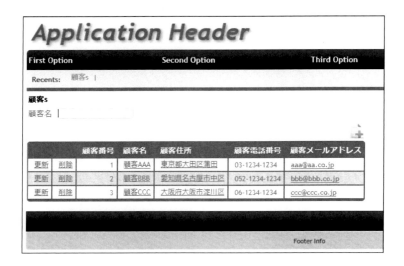

【3】顧客トランザクションのデータを一覧形式で確認することができます

2-7-3　検索条件の変更

現在は検索条件が顧客名の頭一致検索となっていますが、これをあいまい検索に修正します。

【1】顧客トランザクションの「Petterns」エレメント内にあるツリー構造より Level > Selection > Filter > Conditions > KokyakuName like …をクリックします

【2】プロパティ「Value」の「…」アイコンをクリックして式エディタを開き、以下の内容に変更します

```
KokyakuName like '%' + &KokyakuName + '%' When not
&KokyakuName.IsEmpty()
```

【3】「OK」ボタンをクリックし、閉じます

2-7-4　表示項目の変更

次に、一覧の表示項目から顧客メールアドレスを非表示とします。

【1】顧客トランザクションのPetternsエレメント内にあるツリー構造より Level ＞ Selection ＞ Attributes ＞ KokyakuEmail をクリックします

【2】プロパティ「Visible」を「False」に変更します

2-7-5　Excel出力機能追加

最後に、Excel出力機能を追加します。

【1】顧客トランザクションのPetternsエレメント内にあるツリー構造より Level ＞ Selection ＞ modes をクリックします

【2】プロパティ「Export」を「True」に変更します

Display	default
Export	true

2-7-6　アプリケーションの実行

【1】 F5 キーをクリックまたは、メニューバーの ビルド＞開発者メニューを実行 を選択します

【2】「再編成」ボタンをクリックします

【3】実行するメニュー画面が表示されたら「WWKokyaku」をクリックします

　　Home　　　　　　　　Juchu　　　　　　　　　Shohin
　　WWKokyaku

【4】「2-7-3 検索条件の変更」～「2-7-5 Excel出力機能追加」で定義した内容について確認します

2-8　アプリケーションに商品出荷機能を追加

　ここまでで、顧客、商品、受注登録機能を作成してきました。本編では、商品出荷機能（※）を追加します。

※商品出荷機能：商品出荷画面（追加画面）にて商品を検索し、出荷数を指定すると、商品在庫数量（追加項目）がマイナスされるようにする。

●商品Transaction（左）と、商品出荷Web Panel（右）

　商品出荷機能の追加手順は次の通りです。
1. 商品Transactionに商品在庫数量の項目を追加する
2. 商品出荷Procedureを作成する
3. 商品出荷Web Panelを作成する
4. 商品出荷Web Panelに処理ロジックを書く

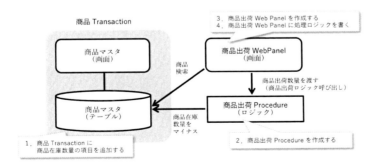

第2章　はじめの一歩

2-8-1 商品Transactionへ項目追加

【1】商品トランザクションに「商品在庫数量」の項目を追加します
- 名前： ShohinZaikoSu
- タイプ： Numeric(4,0)

2-8-2 商品出荷Procedureの作成

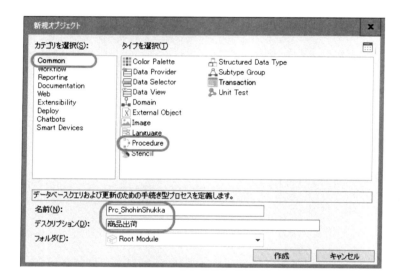

- カテゴリ： 共通
- タイプ： Procedure
- 名前： Prc_ShohinShukka
- デスクリプション： 商品出荷

【1】「Variables」エレメントにて、商品出荷Web Panelから呼び出す変数を定義します

《各変数の目的》

- ・Chk_ShohinZaikoSu： 在庫が足りるかどうかをチェックする
- ・Message： 商品出荷Procedureからのメッセージを受け取る
- ・ShohinId： 渡されたShohinIdにて在庫数を取得する
- ・ShohinShukkaSu： 出荷数量を指示する

【2】「Rules」エレメントにて、呼び出されるときの引数を定義します

```
Parm(in:&ShohinId,in:&ShohinShukkaSu,Out:&Message);
```

Source	Layout	Rules ˙	Conditions	Variables	Help	Documentation

```
   1  Parm(in:&ShohinId,in:&ShohinShukkaSu,Out:&Message);
```

【3】「Source」エレメントにて、商品在庫数量から商品出荷数量をマイナスするロジックを書きます

```
For each  ←①
    Where shohinId = &shohinId

    &Chk_ShohinZaikoSu = ShohinZaikoSu - &shohinShukkaSu
    ShohinZaikoSu = &Chk_ShohinZaikoSu
EndFor

If &Chk_ShohinZaikoSu < 0  ←②
    &Message = !'在庫が足りません'
    Rollback
Else
    Commit
    &Message = !'出荷完了'
EndIf
```

第2章　はじめの一歩　47

```
 1  For each
 2      Where shohinId = &shohinId
 3
 4      &Chk_ShohinZaikoSu = ShohinZaikoSu - &shohinShukkaSu
 5      ShohinZaikoSu = &Chk_ShohinZaikoSu
 6  EndFor
 7
 8  If &Chk_ShohinZaikoSu < 0
 9      &Message = !'在庫が足りません'
10      Rollback
11  Else
12      Commit
13      &Message = !'出荷完了'
14  EndIf
15
```

★TIPS★　コード解説

① 「For each〜EndFor」： 最初に「fe」と打ち込み、Tab キーを押すと For Each 構文が補完されます。
※画面右の"ツールボックス"にスニペットがあります
② 「If〜Else〜EndIf」： 「ife」と打ち込み、Tab キーを押すと If Else 構文が補完されます。

2-8-3　商品出荷指示Web Panelの作成

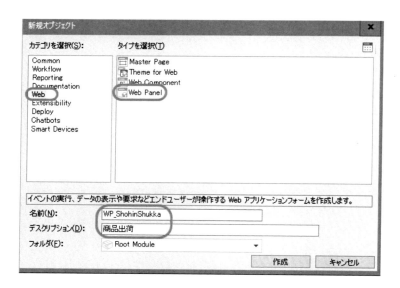

48　第2章　はじめの一歩

- カテゴリを選択： Web
- タイプを選択： Web Panel
- 名前： WP_ShohinShukka
- デスクリプション： 商品出荷

【1】「Variables」エレメントにて、商品出荷で使う変数を定義します

名前	タイプ	Is Collection	デスクリプション
Web Form | Rules | Events | Conditions | Variables | Help | Documentation			
⊟ & Variables			
⊞ & Standard Variables			
● Message	VarChar(40)	☐	メッセージ
● ShohinShukkaSu	Numeric(4.0)	☐	商品出荷数量
● ShohinId	Attribute:ShohinId	☐	商品番号
● ShohinName	Attribute:ShohinName	☐	商品名
● ShohinTanka	Attribute:ShohinTanka	☐	商品単価
● ShohinZaikoSu	Attribute:ShohinZaikoSu	☐	商品在庫数量
● Srch_ShohinId	Attribute:ShohinId	☐	商品番号
● Srch_ShohinName	Attribute:ShohinName ▾	☐	商品名

●各変数の目的

Message	商品出荷 Procedure からのメッセージを受け取る
ShohinShukkaSu	商品出荷数量を指定する
ShohinId	Srch_ShohinId にて検索、表示する
ShohinName	Srch_ShohinName にて検索、表示する
ShohinZaikoSu	検索条件にて表示し、ShohinShukkaSu にて出荷する
Srch_ShohinId	商品番号の検索条件
Srch_ShohinName	商品名の検索条件

※今回は、商品番号 or 商品名の完全一致検索とします

変数は、「&+変数名」で取り扱います。（例：Message→&Message）

第2章　はじめの一歩　49

【2】「WebForm」エレメントで、右クリックして ルートフォームとしてHtmlを使用 を選択します

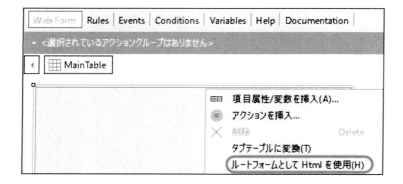

【3】ツールボックスから選択し、各種オブジェクトを配置します

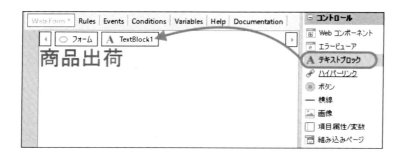

【4】プロパティで各種オブジェクトの値を次ページの通り設定します

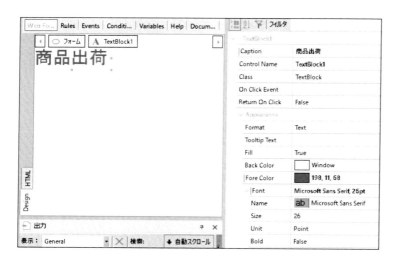

●完成したレイアウト

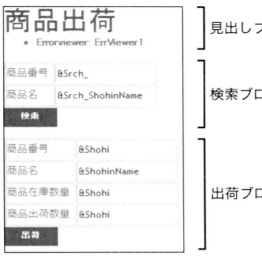

【見出しブロック】
《商品出荷：テキストブロック》
  ・Fore Color： 198,11,68
  ・Font Size： 26
  ・Errorviewer_ErrViewer1： エラービューア

【検索ブロック】
《商品番号、商品名：項目属性/変数》
  ・&Srch_ShohinId
  ・&Srch_ShohinName
《検索ボタン：ボタン》
  ・Control Name： Srch
  ・On Click Event： Srch
  ・Caption： 検索
  ・Tooltiptext： 検索

【出荷ブロック】
《商品番号、商品名、商品在庫数量、商品出荷数量：項目属性/変数》
  ・&ShohinId： プロパティRead Only：True
  ・&ShohinName： プロパティRead Only：True
  ・&ShohinZaikoSu： プロパティRead Only：True
  ・&ShohinShukkaSu

《出荷ボタン：ボタン》

・Control Name： Shukka

・On Click Event： Shukka

・Caption： 出荷

・Tooltiptext： 出荷

2-8-4　処理ロジック（Events）の追加

【1】Eventエレメントに以下の内容を追加します

```
Event 'Srch'  ←①
    Do 'Srch'

Endevent

Event 'Shukka'  ←②
    Prc_ShohinShukka(&ShohinId,&ShohinShukkaSu,&Message)

    &ShohinShukkaSu = 0

    If not &Message.IsEmpty()
        Msg(&Message)

    EndIf

    Do 'Srch'

Endevent

Sub 'Srch'
    If &Srch_ShohinId = 0
        For each
            Where ShohinName =&Srch_ShohinName

            &ShohinId = ShohinId
            &ShohinName = ShohinName
            &ShohinZaikoSu = ShohinZaikoSu
            &ShohinShukkaSu = 0

        When none
            Msg('見つかりません')
```

52　第2章　はじめの一歩

```
        Endfor
    Else
        For each
            Where ShohinId = &Srch_ShohinId

            &ShohinId = ShohinId
            &ShohinName = ShohinName
            &ShohinZaikoSu = ShohinZaikoSu
            &ShohinShukkaSu = 0

        When none
            Msg('見つかりません')

        Endfor
    EndIf
EndSub
```

★TIPS★　コード解説

① 「Event 'Srch'〜Endevent」：　Web Formの「検索」ボタンをダブルクリックすると記述用のフレームが作成されます。

② 「Event 'Shukka'〜Endevent」：Web Formの出荷ボタンをダブルクリックすると記述用のフレームが作成されます。

第2章　はじめの一歩　53

2-8-5　アプリケーションの実行

【1】 F5 キーをクリックまたは、メニューバーの ビルド＞開発者メニューを実行 を選択します

【2】 ナレッジベースに追加された定義の影響が影響分析タブに表示されるので、「再編成」ボタンをクリックします

【3】 実行するメニュー画面が表示されます

【4】 商品画面から在庫数量を設定し、商品出荷画面から商品検索と商品出荷を確認します

3

第3章　GeneXusドリル

◉

業務アプリケーションへのニーズが高いと思われる機能をご紹介
します。各項は、可能な限り単機能に分割しました。「第2章 はじ
めの一歩」を読んで（やって）おくことが前提となりますが、順
番に読む必要はありません。漢字ドリルや計算ドリルのようにテ
ンポよく読み進めていただけると思います。確かめたい項をピッ
クアップし読んで（やって）みてください。

3-1　開発準備編

3-1-1　ログイン、セッション編

【キーワード】Encrypt64, Decrypt64, GetEncryptionKey, WebSession, Structured Data Type, Master Page, HttpRequest,msg, Is Password, call

本項では、ログイン機能の作成とセッション情報の引き継ぎを紹介します。

◆部署トランザクションの作成

ログイン担当者の所属部署情報を格納するための部署トランザクションを作成します。

【1】トランザクションを作成します

　ファイル＞新規＞オブジェクト よりTransactionを選択し、名前とデスクリプションを入力して「作成」ボタンを押下します。

・名前：　Busho
・デスクリプション：　部署

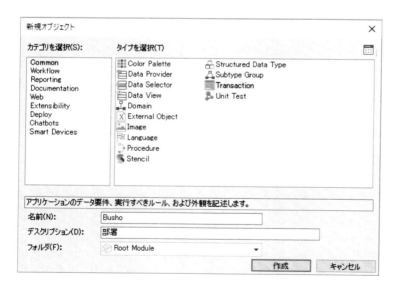

【2】必要な項目をStructureエレメントで定義します

名前	タイプ	デスクリプション
BushoId	Numeric(4.0)	部署番号
BushoName	VarChar(40)	部署名

◆担当者トランザクションの作成

　ログインする担当者の情報を格納するため、担当者トランザクションを作成します。入力された担当者パスワードは、暗号化して登録します。

【1】トランザクションを作成します

　ファイル＞新規＞オブジェクト よりTransactionを選択し、名前とデスクリプションを入力して「作成」ボタンを押下します。

　・名前：　Tantosha
　・デスクリプション：　担当者

【2】必要な項目をStructureエレメントで定義します

名前	タイプ	デスクリプション
TantoshaId	Numeric(4.0)	担当者番号
TantoshaName	VarChar(40)	担当者名
TantoshaPassword	VarChar(50)	担当者パスワード
TantoshaPasswordKey	VarChar(32)	担当者パスワード解読キー
TantoshaPhone	Phone, GeneXus	担当者電話番号
TantoshaAddress	Address,GeneXus	担当者住所
BushoId	Numeric(4.0)	部署番号
BushoName	VarChar(40)	部署名

【3】担当者パスワードのプロパティ「Is Password」を「True」にします

入力された文字列がマスク処理されるようになります。

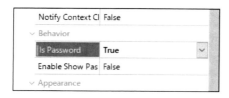

58　第3章　GeneXusドリル

【4】担当者パスワード解読キーのプロパティ「Is Password」を「True」にします

　加えて、プロパティ「Show in Default Forms」を「False」にします。これにより、この項目はアプリケーションの実行画面に表示されないようになります。

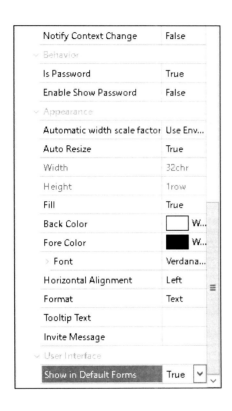

【5】必要な変数をVariablesエレメントで変数を定義します

名前	タイプ	用途
TantoshaPassword	Attribute:TantoshaPassword	担当者パスワード

第3章　GeneXusドリル　59

【6】ルールを Rules エレメントで定義します

入力された担当者パスワードを暗号化するルールを定義します。

GetEncryptionKey 関数にて担当者パスワード解読キーを取得します。この処理は、担当者パスワードの入力内容が変更されたときだけ行います。また、実行ボタン押下時に実行される入力内容検査処理の直後に動作するようにします。

```
TantoshaPasswordKey = GetEncryptionKey()
    if TantoshaPassword <> TantoshaPassword.GetOldValue()
    on AfterValidate;
```

次に、Encrypt64 関数を使用して入力された担当者パスワードを暗号化します。Encrypt64 に、入力された担当者パスワードと上記で取得した担当者パスワード解読キーを渡し、暗号化されたパスワードを変数に格納します。この処理は、担当者パスワードの入力内容が変更されたときだけ行います。また、実行ボタン押下時に実行される入力内容検査処理の直後に動作するようにします。

```
&TantoshaPassword = Encrypt64(TantoshaPassword,
TantoshaPasswordKey)
    if TantoshaPassword <> TantoshaPassword.GetOldValue()
    on AfterValidate;
```

最後に、上記処理で変数に取得した暗号化パスワードを格納します。この処理は、担当者パスワードの入力内容が変更されたときだけ行います。そして、データを追加するか更新する直前に動作するようにします。

```
TantoshaPassword = &TantoshaPassword
    if TantoshaPassword <> TantoshaPassword.GetOldValue()
    on BeforeInsert, BeforeUpdate;
```

◆アプリケーションの実行

　部署データと担当者データを登録します。担当者情報登録時に、パスワードのマスクや暗号化処理が行われることを確認します。

【1】ビルド＞開発者メニューを実行 を行います
「データベースの再編成が必要です。」画面が表示されるので、「再編成」ボタンを押下します。

【2】部署データを登録します

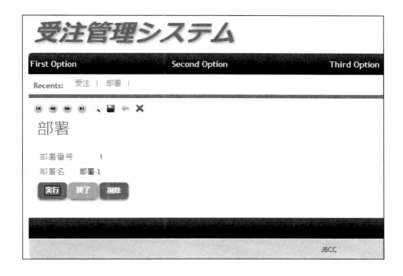

【3】担当者データを登録します

担当者パスワードの入力内容がマスク処理されることを確認します。担当者パスワード解読キーが表示されていないことを確認します。

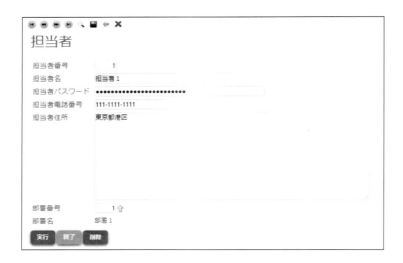

【4】登録した担当者データをSQL Serverに直接アクセスして見てみます

担当者パスワードが暗号化されていることを確認します。担当者パスワード解読キーが登録されていることを確認します。

◆ログイン情報を格納する構造化データタイプ（Structured Data Type）の作成

ログインした担当者の情報やログイン時刻を保持します。保持したいデータ構造を「Structured Data Type」オブジェクトで定義します。

【1】構造化データタイプ（Structured Data Type）を作成します

ログイン情報格納用のデータ構造を定義します。ファイル＞新規＞オブジェクト より Structured Data Typeを選択し、名前とデスクリプションを入力して「作成」ボタンを押下します。

・名前： LogInInfo
・デスクリプション： ログイン情報

【2】必要な項目をStructureエレメントで定義します

今回は、ログインした担当者の情報、部署の情報、日時を保持します。

名前	タイプ	デスクリプション
TantoshaId	Attribute:TantoshaId	担当者番号
TantoshaName	Attribute:TantoshaName	担当者名
BushoId	Attribute:BushoId	部署番号
BushoName	Attribute:BushoName	部署名
LogInDateTime	DateTime	ログイン日時

◆ログイン画面（WebPanel）の作成

Web Panelオブジェクトでログイン画面を作成します。

【1】Webパネルを作成します

ファイル＞新規＞オブジェクト よりWeb Panelを選択し、名前とデスクリプションを入力して「作成」ボタンを押下します。

・名前： LogIn
・デスクリプション： ログイン

【2】プロパティ「Master Page」を「(none)」に変更します

デフォルトの画面ヘッダーやフッターを利用しないようにします。

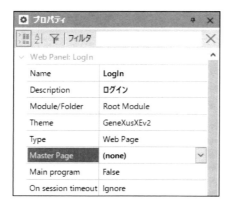

【3】必要な変数をVariablesエレメントで以下の通り定義します

名前	タイプ	用途
BushoId	Attribute:BushoId	部署番号
BushoName	Attribute:BushoName	部署名
IsError	Boolean	エラー区分
LogInInfo	LogInInfo	ログイン情報
TantoshaId	Attribute:TantoshaId	担当者番号
TantoshaName	Attribute:TantoshaName	担当者名
TantoshaPassword	Attribute:TantoshaPassword	担当者パスワード
WebSession	WebSession	セッション情報

　IsError変数は「Boolean」タイプとします。「Boolean」タイプはTrue/Falseのどちらかを格納します。LogInInfo変数は「LogInInfo」タイプです。「LogInInfo」タイプは先程作成したログイン情報の「Structured Data Type」オブジェクトでありデータ構造を持つ変数です。WebSession変数は、そのブラウザのセッションを通じて保持されるセッション情報を格納します。今回はログイン情報をセッション情報に保持します。

【4】画面レイアウトをWeb Formエレメントで定義します

担当者番号と担当者パスワードの入力域、実行ボタンを配置します。

①ツールボックスより、「テーブル」をドラッグ＆ドロップ
　プロパティ「Align」に「Center」を設定し、画面中央に表示します。

②ツールボックスより、「テキストブロック」をドラッグ＆ドロップ
　プロパティ「Caption」に「ログイン」、プロパティ「Class」に「TextBlockHeader」を設定し、画面タイトルとして使用します。

③ツールボックスより、「エラービューア」をドラッグ＆ドロップ
　入力値検査によるメッセージを赤文字で表示します。

④ツールボックスより、「項目属性/変数」をドラッグ＆ドロップ
　Ctrl キーを押下し、&TantoshaId変数と&TantoshaPassword変数を選択します。

⑤ツールボックスより、「ボタン」をドラッグ＆ドロップ

プロパティ「Caption」に「実行」、プロパティ「On Click Event」に「'ButtonLogIn'」を設定し、ログイン処理の実行に使用します。

◆ログイン画面（WebPanel）の処理追加

ログイン画面で入力された担当者番号やパスワードの検査、ログイン情報の保持、ログイン後の初期画面の起動などを行います。

【1】ログイン時の処理をEventsエレメントで定義します

Web Formエレメントで「実行」ボタンコントロールをダブルクリックします。Eventsエレメントが開き、ButtonLogInイベントが定義されます。

```
    Event 'ButtonLogIn'

    EndEvent
```

Event 'ButtonLogIn'は、「実行」ボタンコントロールのプロパティ「On Click Event」
に設定された名称「'ButtonLogIn'」と関連付けられます。このイベントの中に、「実行」ボ
タン押下時の処理を以下の通り定義します。

【2】変数を初期化します

```
//変数の初期化
&IsError = False
&TantoshaName.SetEmpty()
&BushoId.SetEmpty()
&BushoName.SetEmpty()
```

【3】入力必須項目を検査します

今回は、担当者番号と担当者パスワードを入力必須とします。「実行」ボタン押下時に何も入
力されていなければエラーと判断し、Msg関数を使用してエラーメッセージを表示します。Msg
関数が出力したメッセージはエラービューアコントロール上に赤い太文字で表示されます。

```
//入力必須項目の検査
If &TantoshaId.IsEmpty()
    Msg("担当者番号を入力してください。")
    &IsError = True
EndIf

If &TantoshaPassword.IsEmpty()
    Msg("担当者パスワードを入力してください。")
    &IsError = True
EndIf
```

【4】担当者の存在を検査します

入力必須項目の検査がエラーでない（&IsError変数の値がFalse）場合、担当者の存在を
検査します。For Eachコマンドにて、入力された担当者番号が担当者テーブルに存在するか
どうかを検査します。目的のデータが存在しない場合の処理をWhen None句に定義します。

```
If &IsError = False

    //担当者の存在の検査
```

68 第3章 GeneXus ドリル

```
        For Each
            Where TantoshaId = &TantoshaId

        When None
            Msg("担当者番号か担当者パスワードに誤りがあります。")
            &IsError = True
        EndFor

    EndIf
```

【5】パスワードを検査します

　担当者情報が存在する場合、入力された担当者パスワードがその担当者のパスワードと一致しているか、Decrypt64関数を利用して検査します。登録されたパスワードは暗号化された状態で格納されるので、担当者パスワード解読キーを使用する必要があります。Decrypt64関数に暗号化されたパスワードと解読キーを渡し、暗号を解読します。入力されたパスワードが、解読した担当者パスワードと一致しない場合は、エラー処理を行います。

```
    If &IsError = False

        //担当者の存在の検査
        For Each
            Where TantoshaId = &TantoshaId

            //パスワードの検査
            If &TantoshaPassword =
Decrypt64(TantoshaPassword,TantoshaPasswordKey)

            Else
                Msg("担当者番号か担当者パスワードに誤りがあります。")
                &IsError = True
            EndIf

        When None
            Msg("担当者番号か担当者パスワードに誤りがあります。")
            &IsError = True
        EndFor

    EndIf
```

【6】担当者情報を変数に取得します

　担当者情報が存在しパスワードも一致する場合、担当者情報をログイン情報に格納するため変数に取得します。担当者パスワードの入力必須項目検査でエラーが無かった場合、次の処理を記述します。

```
If &IsError = False

    //担当者の存在の検査
    For Each
        Where TantoshaId = &TantoshaId

        //パスワードの検査
        If &TantoshaPassword =
Decrypt64(TantoshaPassword,TantoshaPasswordKey)
            &TantoshaName = TantoshaName
            &BushoId = BushoId
            &BushoName = BushoName
        Else
            Msg("担当者番号か担当者パスワードに誤りがあります。")
            &IsError = True
        EndIf

    When None
        Msg("担当者番号か担当者パスワードに誤りがあります。")
        &IsError = True
    EndFor

EndIf
```

【7】ログイン情報を格納します

　入力必須項目検査、担当者の存在検査、パスワード検査がすべてエラーでない（&IsError変数の値がFalse）場合、ログイン情報（担当者番号、担当者名、部署番号、部署名、ログイン日時）を変数「&LogInInfo」に格納します。&LogInInfoは、ログイン情報のデータ構造を持つ変数です。

```
If &IsError = False

    //ログイン情報を格納
    &LogInInfo.TantoshaId = &TantoshaId
    &LogInInfo.TantoshaName = &TantoshaName
    &LogInInfo.BushoId = &BushoId
```

```
        &LogInInfo.BushoName = &BushoName
        &LogInInfo.LogInDateTime = ServerNow()

    EndIf
```

【8】セッション情報にログイン情報を格納します

変数「&LogInInfo」に格納したログイン情報を変数「&WebSession」へ格納します。ブラウザのセッション内で実行されるアプリケーションそれぞれがログイン情報を利用できます。セッション情報（&WebSession）には、Setメソッドで固有の名称（ここでは"LogInInfo"）とログイン情報の変数（&LogInInfo）を渡します。ログイン情報の変数はデータ構造なので、ToJsonメソッドやToXmlメソッドを使用して文字列情報に変換して渡します。今回はToJsonメソッドを使用します。

```
    If &IsError = False

        //ログイン情報を格納
        &LogInInfo.TantoshaId = &TantoshaId
        &LogInInfo.TantoshaName = &TantoshaName
        &LogInInfo.BushoId = &BushoId
        &LogInInfo.BushoName = &BushoName
        &LogInInfo.LogInDateTime = ServerNow()

        //セッション情報にログイン情報を格納
        &WebSession.Set("LogInInfo",&LogInInfo.ToJson())

    EndIf
```

【9】ログイン後に「受注」画面を起動します

セッション情報にログイン情報を格納後、Callメソッドで「受注」画面を呼び出します。Callメソッドでは画面に渡す値や画面から返される値をパラメータ指定できますが、今回は不要であるため指定しません。

```
    If &IsError = False

        //ログイン情報を格納
        &LogInInfo.TantoshaId = &TantoshaId
        &LogInInfo.TantoshaName = &TantoshaName
        &LogInInfo.BushoId = &BushoId
        &LogInInfo.BushoName = &BushoName
        &LogInInfo.LogInDateTime = ServerNow()
```

第3章　GeneXusドリル　71

```
        //セッション情報にログイン情報を格納
        &WebSession.Set("LogInInfo",&LogInInfo.ToJson())

        //ログイン後の画面を起動
        Juchu.Call()

    EndIf
```

```
 1 ┌ Event 'ButtonLogIn'
 2 │
 3 │        //変数の初期化
 4 │        &IsError = False
 5 │        &TantoshaName.SetEmpty()
 6 │        &BushoId.SetEmpty()
 7 │        &BushoName.SetEmpty()
 8 │
 9 │        //入力必須項目の検査
10 ┌        If &TantoshaId.IsEmpty()
11 │            Msg("担当者番号を入力してください。")
12 │            &IsError = True
13 └        EndIf
14 │
15 ┌        If &TantoshaPassword.IsEmpty()
16 │            Msg("担当者パスワードを入力してください。")
17 │            &IsError = True
18 │        EndIf
19 │
```

```
20 ┌        If &IsError = False
21 │
22 │            //担当者の存在の検査
23 ┌            For Each
24 │                Where TantoshaId = &TantoshaId
25 │
26 │                //パスワードの検査
27 ┌                If &TantoshaPassword = Decrypt64(TantoshaPassword,TantoshaPasswordKey)
28 │                    &TantoshaName = TantoshaName
29 │                    &BushoId = BushoId
30 │                    &BushoName = BushoName
31 │                Else
32 │                    Msg("担当者番号か担当者パスワードに誤りがあります。")
33 │                    &IsError = True
34 └                EndIf
35 │
36 │                When None
37 │                    Msg("担当者番号か担当者パスワードに誤りがあります。")
38 │                    &IsError = True
39 └            EndFor
40 │
41 └        EndIf
```

```
43        If &IsError = False
44
45            //ログイン情報を格納
46            &LogInInfo.TantoshaId = &TantoshaId
47            &LogInInfo.TantoshaName = &TantoshaName
48            &LogInInfo.BushoId = &BushoId
49            &LogInInfo.BushoName = &BushoName
50            &LogInInfo.LogInDateTime = ServerNow()
51
52            //セッション情報にログイン情報を格納
53            &WebSession.Set("LogInInfo",&LogInInfo.ToJson())
54
55            //ログイン後の画面を起動
56            Juchu.Call()
57
58        EndIf
59
60    Endevent
61
```

◆マスターページの編集

　アプリケーションを実行したときにヘッダーやフッター、あるいはサイド領域などに対して、複数の画面で共通の要素を表示したい場合、「Master Page」オブジェクトを使用します。

　KBエクスプローラー＞KB名 のプロパティ「Default Master Page」に、任意の「Master Page」オブジェクトの名称を定義します。こうすることで、Web Formエレメントを持つオブジェクトのプロパティが省略されている場合、プロパティ「Default Master Page」に定義した「Master Page」オブジェクトが適用されます。

　個別にMaster Pageを適用したい場合は、Web Formエレメントを持つオブジェクトのプロパティ「Master Page」に、任意の「Master Page」オブジェクトの名称を定義します。

　今回は、既存のMaster Pageにログアウトボタンとログイン者情報を追加することで、どの画面からでもログアウト・ログイン者情報の確認を可能にします。

【1】省略時のマスターページを確認します

　ナレッジベースの設定プロパティを 表示＞その他のウィンドウ＞設定 で開き、ツリーの上から3個めの要素（JavaEnvironment）のプロパティを開きます。プロパティ「Default Master Page」の値を確認すると「AppMasterPage」となっています。

【2】省略時のマスターページを開きます

表示＞その他のウィンドウ＞KBエクスプローラー を開き、ツリーの Root Module ＞ GeneXus ＞ Web を開きます。ここに省略時のマスターページ「AppMasterPage」があります。Web Formエレメントに、アプリケーション実行時のヘッダーやフッターが定義されています。

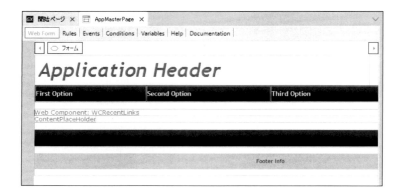

【3】必要な変数をVariablesエレメントで追加します

名前	タイプ	用途
BushoName	Attribute:BushoName	部署名
TantoshaName	Attribute:TantoshaName	担当者名
LogInInfo	LogInInfo	ログイン情報
WebSession	WebSession	セッション情報

【4】画面レイアウトをWeb Formエレメントで変更します

　Web Formエレメントに定義されたレイアウトの右上に、「English」「Espanol」「Portugues」と表記されているテキストブロックがあります。

　これらのテキストブロックを削除し、以下のオブジェクトを配置します。

① 　ツールボックスより、「項目属性/変数」をドラッグ＆ドロップ
　&BushoName変数を選択します。プロパティ「Read Only」を「True」に設定し、ログイン情報の部署名の表示域として使用します。

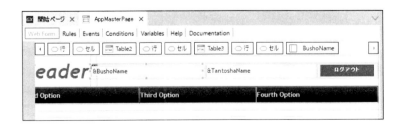

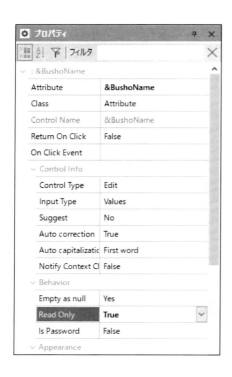

② ツールボックスより、「項目属性/変数」をドラッグ&ドロップ

&TantoshaName変数を選択します。プロパティ「Read Only」を「True」に設定し、ログイン情報の担当者名の表示域として使用します。

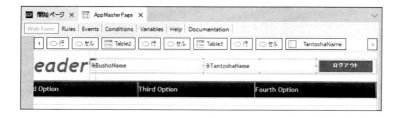

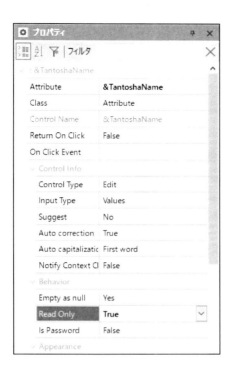

③　ツールボックスより、「ボタン」をドラッグ＆ドロップ

　プロパティ「Caption」に「ログアウト」、プロパティ「On Click Event」に「'ButtonLogOut'」を設定し、ログアウト処理の実行に使用します。

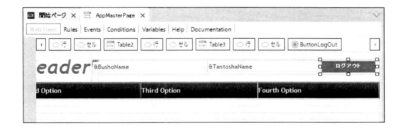

④　ヘッダー、フッターの変更

　レイアウトの左上には、「Application Header」と表記されている大きなテキストブロックがあります。テキストブロックのプロパティ「Caption」をシステムの名称「受注管理システム」に変更します。

　レイアウトの下部中央には、「Footer Info」と表記されているテキストブロックがあります。テキストブロックのプロパティ「Caption」を会社名（この例では「ＪＢＣＣ」）に変更して、会社名を表示します。

【5】ログアウト時の処理をEventsエレメントに追加します

　セッション情報からログイン情報を取得して画面に表示します。「ログアウト」ボタンが押されたときにセッション情報を破棄してログイン画面へ戻る処理を定義します。

　Eventsエレメントを開くとすでに処理手順が記述されていますが、ここに処理を追加します。

　Startイベントで、セッション情報に格納したログイン情報を変数「&logInInfo」で受け取ります。Webシステムの場合、Startイベントはページがロードされた時点でサーバー対する全てのPOSTに伴って実行します。

　セッション情報は変数「&WebSession」で扱います。セッション情報にログイン情報を格納する際に、固有の名称（"LogInInfo"）を設定したので、Getメソッドにこの名称を渡して

ログイン情報を受け取ります。ログイン情報はToJsonメソッドを使用して文字列情報に変換されるので、このままでは格納できません。FromJsonメソッドを使用してデータ構造に変換してから変数「&LoginInfo」にログイン情報を格納します。

```
Event Start
    Pipe.Caption = "|"
    Pipe2.Caption = "|"

    //ログイン情報をセッション情報から取得
    &LogInInfo.FromJson(&WebSession.Get("LogInInfo"))

    //ログイン情報を表示
    &BushoName = &LogInInfo.BushoName
    &TantoshaName = &LogInInfo.TantoshaName

    //  Link To Home Page (for example)
```

```
//ログイン情報をセッション情報から取得
&LogInInfo.FromJson(&WebSession.Get("LogInInfo"))
```

【6】ログイン情報を表示します

セッション情報からログイン情報を取得したら、画面に配置した各変数に値を渡して部署名や担当者名を表示します。

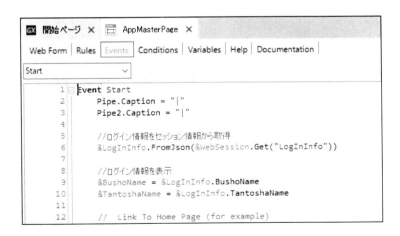

```
//ログイン情報を表示
&BushoName = &LogInInfo.BushoName
&TantoshaName = &LogInInfo.TantoshaName
```

【7】ログアウト時の処理をEventsエレメントで追加します

Web Formエレメントで「ログアウト」ボタンをダブルクリックします。Eventsエレメントが開き、ButtonLogOutイベントが定義されます。

```
Event 'ButtonLogOut'

EndEvent
```

ButtonLogOutイベントは「ログアウト」ボタンのプロパティ「On Click Event」に設定された名称（'ButtonLogOut'）と関連付けられています。Event 'ButtonLogOut'内にログアウト時の処理を定義します。

セッション情報を破棄します。変数「&WebSession」のDestroyメソッドを使用し、セッション情報の内容を破棄します。

```
Event 'ButtonLogOut'

    //セッション情報を破棄
    &WebSession.Destroy()

EndEvent
```

【8】「ログイン」画面を起動します

ログアウト後はログイン画面を呼び出します。マスターページでこの処理を行うことで、そのマスターページを使用しているすべての画面で同じ動作が可能です。Callメソッドでログイン画面を呼び出します。

```
62    //  if SetLanguage('Portuguese') <> 0
63    //      msg('The language is not available')
64    //  else
65    //      refresh
66    //  endif
67    //EndEvent
68
69    Event 'ButtonLogOut'
70
71        //セッション情報を破棄
72        &WebSession.Destroy()
73
74        //ログイン画面を起動
75        LogIn.Call()
76
77    Endevent
78
```

```
Event 'ButtonLogOut'

    //セッション情報を破棄
    &WebSession.Destroy()

    //ログイン画面を起動
    LogIn.Call()

EndEvent
```

◆アプリケーションの実行

　担当者情報に基づいたログインの動作や画面遷移、画面遷移後にログイン情報が使用可能であることやログアウトの動作などを確認します。

【1】ビルド＞開発者メニューを実行 を行います

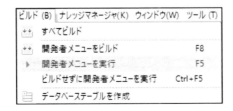

【2】開発者メニューが開いたら、ログイン画面を開き、動作を確認します

> # ログイン
>
> 担当者番号　　　　　0
> 担当者パスワード
>
> 実行

　何も入力せずに実行ボタンを押し、入力必須項目の検査に関するエラー表示を確認します。また、ログインできないことを確認します。

> # ログイン
>
> ・担当者番号を入力してください。
> ・担当者パスワードを入力してください。
>
> 担当者番号　　　　　0
> 担当者パスワード
>
> 実行

　存在しない担当者番号や誤ったパスワードを入力して「実行」ボタンを押下し、担当者の存在の検査やパスワードの検査に関するエラー表示を確認します。また、ログインできないことを確認します。

> # ログイン
>
> ・担当者番号か担当者パスワードに誤りがあります。
>
> 担当者番号　　　　　999
> 担当者パスワード　　●●●●●
>
> 実行

　存在する担当者番号と正しいパスワードを入力して「実行」ボタンを押下し、正しく画面遷移することを確認します。画面右上に表示されているログイン情報（部署名、担当者名）が正しいことを確認します。この他、画面右上に「ログアウト」ボタンが配置されていること、画面左上にシステム名が表示されていること、画面下部中央に会社名が表示されていることを確

82　第3章　GeneXus ドリル

認します。

「ログアウト」ボタンを押下し、「ログイン」画面へ戻ることを確認します。

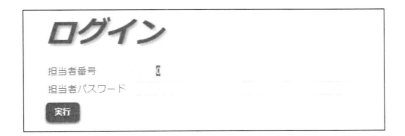

3-1-2　リンク型メニュー編

【キーワード】AppMasterPage

　本項では、リンク型メニューを紹介します。
　多くの場合、システム使用者の権限により使用可能なアプリケーションが異なります。今回の例では、担当者の所属部署によってメニューに表示されるアプリケーションが変化するようにメニューの作成を行います。
　メニューは、リンク（ボタン）を配置する方法（以降、リンク型メニューと呼びます）や多階層のツリー構造で表現する方法があります。
※第3章「3-1-1 ログイン、セッション編」にてナレッジベースを作成済みであることを前提とします。

◆リンク型メニューの作成

　マスターページのレイアウト上にリンクを配置することで、マスターページを使用しているすべてのアプリケーション画面からメニューを利用可能にします。

【1】AppMasterPageを開きます

　表示＞その他のウィンドウ＞KBエクスプローラー を開き、ツリーの Root Module ＞ GeneXus ＞ Web より AppMasterPage を開きます。

【2】リンク型メニューをWeb Formエレメントで定義します

　画面タイトルのコントロールの下あたりに、「First Option」「Second Option」……などと表記されたテキストブロックコントロールが並んでいます。今回は、これらのテキストブロックコントロールをリンク型メニューとして利用します。テキストブロックコントロールのプロパティを以下のように変更します。

テキストブロックコントロール	プロパティ名	値
FirstText	Caption	受注
FirstText	On Click Event	'Juchu'
SecondText	Caption	商品出荷
SecondText	On Click Event	'ShohinShukka'
ThirdText	Caption	顧客
ThirdText	On Click Event	'Kokyaku'
FourthText	Caption	商品
FourthText	On Click Event	'Shohin'

【3】テキストブロックコントロールを追加します

「担当者」や「部署」もメニューに加えるため、テキストブロックコントロールを追加します。テキストブロックコントロールを置く場所を作るために、テーブルコントロールに列を追加します。【2】で商品と入力したセル内にカーソルをセットした状態で、右クリックして テーブル＞列を挿入 を行います。これを、2回繰り返し、2列追加します。

追加した列にテキストブロックコントロールを置いて、プロパティを変更します。

テキストブロックコントロール	プロパティ名	値
テキストブロックコントロール（1）	Caption	担当者
テキストブロックコントロール（1）	Class	MenuOption
テキストブロックコントロール（1）	On Click Event	'Tantosha'
テキストブロックコントロール（2）	Caption	部署
テキストブロックコントロール（2）	Class	MenuOption
テキストブロックコントロール（2）	On Click Event	'Busho'

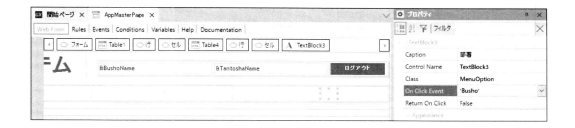

【4】受注(Juchu)呼び出しをEventsエレメントで定義します

テキストブロックで右クリックし「イベントへ移動」を選択するとEventsエレメントが開き、Juchuイベントの領域が作られるので、Juchuイベント内に以下の通り定義します。

```
Event 'Juchu'
    Juchu.Call()
Endevent
```

残りのテキストブロックコントロール（「商品出荷」「顧客」「商品」「担当者」「部署」）に対しても同様にイベントの定義を行います。

```
Event 'ShohinShukka'
    WP_ShohinShukka.Call()
Endevent

Event 'Kokyaku'
    WWKokyaku.Call()
Endevent

Event 'Shohin'
    Shohin.Call()
Endevent

Event 'Tantosha'
    Tantosha.Call()
Endevent

Event 'Busho'
    Busho.Call()
Endevent
```

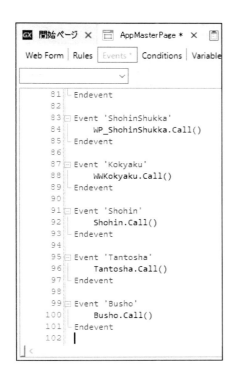

　ここで、顧客トランザクションの呼び出しは「Kokyaku.Call」ではなく「WWKokyaku.Call」としています。顧客トランザクションはWork Withパターンを適用しているので、トランザクション「Kokyaku」を呼び出しても正常に動作しません。Work Withパターンが作成したWebパネル「WWKokyaku」を呼び出す必要があります。Webパネル「WWKokyaku」は、KBエクスプローラーのツリー上でKokyakuを展開すると見つけることができます。

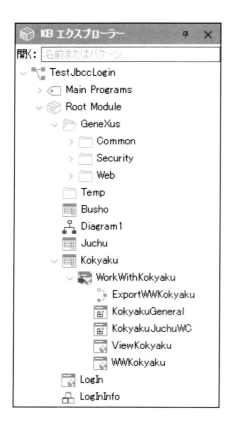

◆アプリケーションの実行

　マスターページ上に、リンク型メニューが作成されていることと動作確認を行います。

【1】ビルド＞開発者メニューを実行 を行います

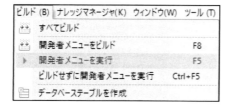

【2】開発者メニューが開いたら、ログイン画面を開き、ログインします

　ログインすると、画面上部にメニューリンクが作成されています。リンクをクリックして、目的のアプリケーションが開くことを確認します。ここでは、メニューリンクの「受注」を押して、以下の画面が開くことを確認します。

第3章　GeneXusドリル　91

◆権限によってメニュー項目を変化させる処理の作成

　ログインした担当者の所属部署によって、表示メニューを変化させる処理を作成します。

【1】部署と担当者のデータを登録します

　部署と、部署に所属する担当者のデータを登録しておきます。この例では「システム管理部」と、そこに所属する「システム管理者」のデータを追加します。

【2】権限によってメニュー項目を変化させる処理を追加します

AppMasterPageを開きます。

今回は、ログインした担当者が「システム管理部」に所属している場合だけ、メニューリンク「顧客」「商品」「担当者」「部署」が使えることとします。

ログインした担当者の所属部署は、ログイン情報に格納された部署の情報を見ることで知ることができます。ログイン・セッション編にて作成したマスターページのStartイベントに、ログイン情報を取得する処理を記述したので、この直後に以下の処理を追加します。

ログイン情報の部署が「システム管理部」でない場合は、「顧客」「商品」「担当者」「部署」へのメニューリンクを非表示にします。

```
//システム管理部以外はメニューを制限
If &LogInInfo.BushoId <> 9999
    ThirdText.Visible = False
    FourthText.Visible = False
    TextBlock2.Visible = False
    TextBlock3.Visible = False
EndIf
```

```
GX 開始ページ  ×    |  AppMasterPage  ×

Web Form | Rules | Events | Conditions | Variables | Help | Documentation |

Start                                    ∨

 1  Event Start
 2      Pipe.Caption = "|"
 3      Pipe2.Caption = "|"
 4
 5      //ログイン情報をセッション情報から取得
 6      &LogInInfo.FromJson(&WebSession.Get("LogInInfo"))
 7
 8      //ログイン情報を表示
 9      &BushoName = &LogInInfo.BushoName
10      &TantoshaName = &LogInInfo.TantoshaName
11
12      //システム管理部以外はメニューを制限
13      If &LogInInfo.BushoId <> 9999
14          ThirdText.Visible = False
15          FourthText.Visible = False
16          TextBlock2.Visible = False
17          TextBlock3.Visible = False
18      EndIf
19
20      //  Link To Home Page (for example)
21      //ApplicationHeader.Link = Home.Link()
22
```

◆アプリケーションの実行

　変更したマスターページをビルドして、動作確認します。ログインした担当者の所属部署によって、使用できるメニューのリンクが変化することを確認します。

【1】ビルド＞開発者メニューを実行 を行います

【2】開発者メニューが開いたら、ログイン画面を開きます

まず、「システム管理部」に所属する担当者でログインします。メニューリンクがすべて使用可能であることが確認できます。

ログアウトし、「システム管理部」以外の部署に所属する担当者で再度ログインします。メニューリンク「顧客」「商品」「担当者」「部署」が非表示になり、使えなくなっていることを確認します。

3-1-3 ツリー型メニュー編

【キーワード】 ユーザーコントロール，DataProvider

　本項では、ツリー型メニューを紹介します。

　多くの場合、システム使用者の権限により使用可能なアプリケーションが異なります。今回の例では、担当者の所属部署によってメニューに表示されるアプリケーションが変化するようにメニューの作成を行います。

　メニューは、リンク（ボタン）を配置する方法や多階層のツリー構造（以降、ツリー型メニューと呼びます）で表現する方法があります。

※第3章「3-1-1 ログイン、セッション編」にてナレッジベースを作成済であることを前提とします。

◆ユーザーコントロールの入手

　GeneXusには、ボタンを表示する「ボタン」コントロールや、データを一覧表示する「グリッド」コントロールなどの標準コントロールが用意されています。コントロールはJavaScript、XML等を利用し独自に開発することも可能です。独自開発したコントロールをユーザーコントロールと呼びます。

　ユーザーコントロールはGeneXus marketplaceで公開されているものを入手し利用することもできます。

　今回は、ツリー型メニューを作成するため、GeneXus marketplaceからユーザーコントロールSmooth Navigational Menuを入手します。

【1】GeneXus marketplaceへアクセスします

　検索エンジンにて、GeneXus marketplaceを検索し、アクセスします。表示言語は3ヶ国語（ポルトガル語、スペイン語、英語）から選択できます。今回は英語を選択します。

【2】ログインをします

　GeneXus marketplaceを利用するには、右上のログイン機能からログインします。GeneXusアカウントがない場合、ユーザー登録が必要です。右上の「Register」からユーザー登録を行い、ログインします。

96 　第3章　GeneXus ドリル

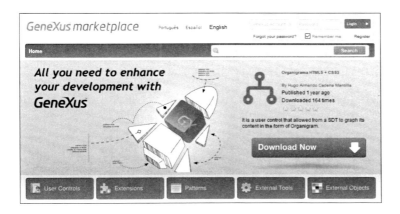

【3】Smooth Navigational Menu のページを開きます

検索ボックスを利用してSmooth Navigational Menuを検索します。

【4】Smooth Navigational Menu をダウンロードします

「Download」ボタンを押下します。複数のバージョンが提供されていますが、今回は「For GeneXus X Ev3 beta 3 to 15 to Beta」をダウンロードします。(2018年8月13日現在)

◆ユーザーコントロールのインストール

　Smooth Navigational Menuに限らず、どのユーザーコントロールも、以下の手順でGeneXusへインストールします。ユーザーコントロールのインストールは、GeneXusを終了してから実行します。

【1】ダウンロードした圧縮ファイルを解凍します

　ユーザーコントロールは圧縮ファイルの形で提供されます。

【2】圧縮ファイル内のフォルダをGeneXusのユーザーコントロールを管理するフォルダへコピーします

コピー先フォルダ例：
C:¥Program Files (x86)¥GeneXus¥GeneXus16JP¥UserControls
（GeneXusのインストールフォルダがデフォルトの場合）

【3】インストールコマンドを実行します

　コマンドプロンプトを起動しインストールします。
実行コマンド：

```
"C:¥Program Files (x86)¥GeneXus¥GeneXus16JP¥GeneXus.exe" /install
```

（GeneXusのインストールフォルダがデフォルトの場合）

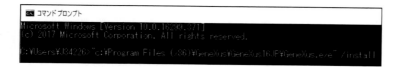

【4】インストール結果を確認します

ユーザーコントロールのインストールが正しく行われたことを確認します。
GeneXusを起動し、ツール＞エクステンションマネージャ を開きます。

エクステンションマネージャの「User Controls」カテゴリ内に、「SmoothNavMenu」の行が存在し、チェックが入っていることを確認します。

任意のトランザクションやWebパネルのWeb Formエレメントを開きます。ツールボックスの中に「sca.SmoothNavigationalMenu」があることを確認します。

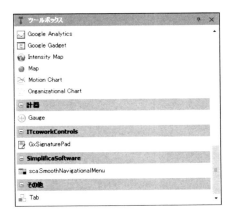

◆Smooth Navigational Menu コントロールの配置

マスターページのレイアウト上にツリー型メニューを配置することで、マスターページを使用しているすべてのアプリケーション画面からメニューを利用可能にします。

【1】「AppMasterPage」を開きます

表示＞その他のウィンドウ＞KBエクスプローラー を開き、ツリーの Root Module ＞ GeneXus ＞ Web より「AppMasterPage」を開きます。

【2】画面レイアウトを Web Form エレメントで定義します

ツールボックスより、「sca.SmoothNavigationalMenu」をヘッダー領域の中ほどにある「Web Component:WCRecentLinks」の上の枠内にドラッグ＆ドロップします。

「Web Component:WCRecentLinks」上の枠内にあるテキストコントロール「First Option」「Second Option」……を削除します。(「リンク型メニュー編」を行っている場合は、テキストコントロール「受注」「商品出荷」……を削除します。)

「リンク型メニュー編」を行っている場合は、Events エレメントに追加した処理をすべてコメント化します。「//」と記述することでそれ以降の記述をコメント化できます。

```
//      //システム管理部以外はメニューを制限
//      If &LogInInfo.BushoId <> 9999
//          ThirdText.Visible = False
//          FourthText.Visible = False
//          TextBlock2.Visible = False
//          TextBlock3.Visible = False
//      EndIf

//Event 'Juchu'
//      Juchu.Call()
//Endevent
//
//Event 'ShohinShukka'
//      WP_ShohinShukka.Call()
//Endevent
//
//Event 'Kokyaku'
//      WWKokyaku.Call()
//Endevent
//
//Event 'Shohin'
//      Shohin.Call()
//Endevent
//
//Event 'Tantosha'
//      Tantosha.Call()
//Endevent
//
//Event 'Busho'
//      Busho.Call()
//Endevent
```

第3章 GeneXus ドリル 103

◆メニュー項目トランザクションの作成

　メニューに表示する項目や階層の情報をSmooth Navigational Menuコントロールに受け渡します。

　Smooth Navigational Menuコントロールの処理にひとつひとつ記述していくこともできますが、メニューに表示する名前や階層情報をデータベース上に格納し、それを読み取ってコントロールに渡すことも可能です。今回は後者の方法で作成するため、メニューデータを格納するトランザクションを作成します。

【1】トランザクションを作成します。

　ファイル＞新規＞オブジェクト よりTransactionを選択し、名前とデスクリプションを入力して「作成」ボタンを押下します。

　・名前：　MenuItem
　・デスクリプション：　メニュー項目

【2】必要な項目をStructureエレメントで定義します

「メニュー項目番号」「メニュー項目順序番号」を主キーに設定します。主キーに設定するには、項目を右クリックして「主キーを設定・解除」を選択します。「メニュー項目タイトル」を名称項目属性に設定します。名称項目属性に設定するには、項目を右クリックして「名称項目属性を設定・解除」を選択します。

設定	名前	タイプ	デスクリプション
主キー	MenuItemId	VarChar(50)	メニュー項目番号
主キー	MenuItemSeq	Numeric(8.0)	メニュー項目順序番号
名称項目属性	MenuItemTitle	VarChar(500)	メニュー項目タイトル
-	MenuItemLink	VarChar(500)	メニュー項目リンク先
-	MenuItemChildId	VarChar(50)	メニュー項目子階層番号

◆メニュー項目を扱うデータプロバイダの作成

Structured Data Typeオブジェクト「SmoothNavMenuData」にメニュー表示項目や階層情報を格納し、Smooth Navigational Menuコントロールに受け渡します。

Structured Data Typeオブジェクトへのデータ格納にはプロシージャやデータプロバイダを使用します。今回は、データプロバイダを使用します。

【1】「SmoothNavMenuDataDP」データプロバイダをコピーします

Smooth Navigational MenuコントロールをWeb Formに配置し保存したタイミングで、コントロールが使用するオブジェクトがナレッジベースに追加されます。「Smooth navigational Menu」の場合、Root Moduleの下に「SmoothNavMenu」というフォルダが追加されます。このフォルダにある「SmoothNavMenuDataDP」データプロバイダを別名でコピーします。

Root Module ＞ SmoothNavMenu ＞ SmoothNavMenuDataDP を右クリックして「名前を付けて保存」を選択します。新規オブジェクトのダイアログが出現します。名前を「SmoothNavMenuDataItemsDP」とし「作成」ボタンを押下します。

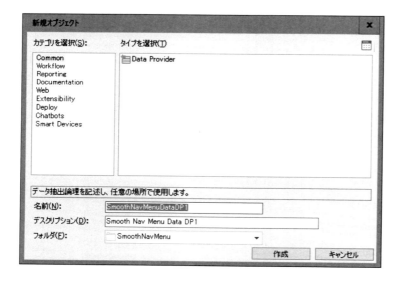

【2】必要なパラメータをRulesエレメントで定義します

Root Module ＞ SmoothNavMenu ＞ SmoothNavMenuDataItemsDP を開き、Rulesエレメントで以下の通り定義します。

```
Parm(In:MenuItemId);
```

106　第3章　GeneXus ドリル

【3】「SmoothNavMenuDataItemsDP」データプロバイダのサンプルソースを削除します

　Sourceエレメントを開くと、すでに処理手順が書かれています。これはSmooth Navigational Menuコントロールが自動作成したサンプルソースです。メニューに表示する項目や階層情報をひとつひとつ記述する場合の処理手順が記述されてます。今回、この処理手順は使用しないので、すべて選択して削除してください。

第3章　GeneXusドリル　107

【4】処理手順をSourceエレメントで以下の通り定義します

「SmoothNavMenuDataItemsDP」データプロバイダに、メニュー項目を読み込む処理を定義します。

```
SmoothNavMenuData
{
    SmoothNavMenuItem
    Order MenuItemId,MenuItemSeq
    {
        Id = MenuItemId
        Title = MenuItemTitle
        Link = MenuItemLink
        Items = SmoothNavMenuDataItemsDP(MenuItemChildId)
    }
}
```

　データプロバイダのプロパティ「Output」に設定された変数「SmoothNavMenuData」に対し、データベースから読み込んだメニュー項目と階層情報を受け渡します。

「Items = SmoothNavMenuDataItemsDP(MenuItemChildId)」の　行　で　は「SmoothNavMenuDataItemsDP」、すなわち自分自身を呼び出します。(再帰呼び出し)再帰呼び出しによって、複数階層のメニュー表示を可能にします。

108 | 第3章　GeneXus ドリル

【5】「SmoothNavMenuDataDP」データプロバイダのサンプルソースを削除します

「SmoothNavMenuDataItemsDP」のコピー元であるデータプロバイダ「SmoothNavMenuDataDP」の処理を定義します。このデータプロバイダは、Smooth Navigational Menuコントロールが自動作成したオブジェクトで、特に変更しなければ、Smooth Navigational Menuコントロールが動作するタイミングで呼び出されます。今回は、メニュー階層の最上位の処理にこのデータプロバイダを用います。

Sourceエレメントを開くと、すでに処理手順が書かれています。今回、この処理手順は使用しないので、すべて選択して削除してください。

```
SmoothNavMenuData
{
    SmoothNavMenuItem
    {
        Id = !"Menu 1"
        Title = !"Menu 1 Title"
        Description = !"Menu 1 Description"
        Link = !"#"
        Items
        {
            Id = !"Menu 1.1"
            Title = !"Menu 1.1 Title"
            Description = !"Menu 1.1 Description"
            Link = !"#"
            Items
            {
                Id = !"Menu 1.1.1"
                Title = !"Menu 1.1.1 Title"
                Description = !"Menu 1.1.1 Description"
                Link = !"#"
            }
        }
    }
}
SmoothNavMenuData
{
    SmoothNavMenuItem
    {
        Id = !"Menu 2"
        Title = !"Menu 2 Title"
        Description = !"Menu 2 Description"
```

第3章　GeneXus ドリル　109

【6】処理手順をSourceエレメントで以下の通り定義します

「SmoothNavMenuDataDP」データプロバイダに、メニュー項目を読み込む処理を定義します。

```
SmoothNavMenuData
{
    SmoothNavMenuItem
    Order MenuItemId
    Where MenuItemSeq = 0
    {
        Id = MenuItemId
        Title = MenuItemTitle
        Link = MenuItemLink
        Items = SmoothNavMenuDataItemsDP(MenuItemChildId)
    }
}
```

データプロバイダのプロパティ「Output」に設定された変数「SmoothNavMenuData」に対し、データベースから読み込んだメニュー項目と階層情報を受け渡します。
「SmoothNavMenuDataItemsDP」との違いについて説明します。

・1つ目「Where MenuItemSeq = 0」

「メニュー項目順序番号」がゼロであるデータだけが処理対象となります。

メニュー階層の最上位のデータ取得するための処理として利用します。

・2つ目「Items = SmoothNavMenuDataItemsDP(MenuItemChildId)」、

自分自身（SmoothNavMenuDataDP）ではなく、データプロバイダ（SmoothNavMenuDataItemsDP）を呼び出しています。

SmoothNavMenuDataItemsDPと違い再帰呼び出しはしておらず、最上位階層だけを処理しています。

```
    SmoothNavMenuData
1
2   {
3       SmoothNavMenuItem
4       Order MenuItemId
5       Where MenuItemSeq = 0
6       {
7           Id = MenuItemId
8           Title = MenuItemTitle
9           Link = MenuItemLink
10          Items = SmoothNavMenuDataItemsDP(MenuItemChildId)
11      }
12  }
13
```

◆メニュー項目を扱うデータプロバイダの呼び出し

作成したふたつのデータプロバイダを、メニューを置いたマスターページから呼び出します。メニューに対し、メニュー項目や階層情報を受け渡すことができます。

【1】AppMasterPageを開きます

KBエクスプローラーのツリーから、Root Module ＞ GeneXus ＞ Web より「AppMasterPage」を開きます。

第3章　GeneXus ドリル　111

【2】Eventsエレメントを開きます

Smooth Navigational Menu コントロールを配置したときに自動作成された処理が追加されています。

```
     1
     2    //Sample code for Smooth Navigational Menu
     3  □ Sub 'SmoothNavMenu'
     4       &SmoothNavMenuData = SmoothNavMenuDataDP.Udp()
     5  └ EndSub
     6
     7    //Smooth Navigational Menu control OnClick event handler
     8  □ Event SmoothNavMenu1.OnClick
     9       msg(!"Selected node title : " + &SmoothNavMenuSelectedItem.Title)
    10  └ EndEvent
    11
    12    //Event Start
    13       //Do 'SmoothNavMenu'
    14    //EndEvent
    15
    16  □ Event Start
    17       Pipe.Caption = "|"
    18       Pipe2.Caption = "|"
    19
    20       //ログイン情報をセッション情報から取得
    21       &LogInInfo.FromJson(&WebSession.Get("LogInInfo"))
    22
    23       //ログイン情報を表示
    24       &BushoName = &LogInInfo.BushoName
    25       &TantoshaName = &LogInInfo.TantoshaName
    26
    27       //  Link To Home Page (for example)
    28       //ApplicationHeader.Link = Home.Link()
    29
```

【3】データプロバイダを呼び出す処理を追加します

不要な処理をコメント化します。

```
    //msg(!"Selected node title : " +
&SmoothNavMenuSelectedItem.Title)
```

Start イベントのログイン情報を取得している箇所より下のタイミングで、以下の処理を追加します。

```
    Do 'SmoothNavMenu'
```

サブルーチン「'SmoothNavMenu'」を呼び出す処理です。このサブルーチンでは、データプロバイダ「SmoothNavMenuDataDP」を呼び出しており、メニューが使用する&SmoothNavMenuData変数へメニュー項目と階層のデータを受け渡します。

112 | 第3章　GeneXus ドリル

```
 1
 2    //Sample code for Smooth Navigational Menu
 3    Sub 'SmoothNavMenu'
 4        &SmoothNavMenuData = SmoothNavMenuDataDP.Udp()
 5    EndSub
 6
 7    //Smooth Navigational Menu control OnClick event handler
 8    Event SmoothNavMenu1.OnClick
 9        //msg(!"Selected node title : " + &SmoothNavMenuSelectedItem.Title)
10    EndEvent
11
12    //Event Start
13    //  Do 'SmoothNavMenu'
14    //EndEvent
15
16    Event Start
17        Pipe.Caption = "|"
18        Pipe2.Caption = "|"
19
20        //ログイン情報をセッション情報から取得
21        &LogInInfo.FromJson(&webSession.Get("LogInInfo"))
22
23        //ログイン情報を表示
24        &BushoName = &LogInInfo.BushoName
25        &TantoshaName = &LogInInfo.TantoshaName
26
27        Do 'SmoothNavMenu'
28
29        //  Link To Home Page (for example)
```

◆メニュー項目と階層データの登録

メニュー項目と階層のデータの登録を行います。

【1】ビルド＞開発者メニュー を実行します

「データベースの再編成が必要です。」画面が表示されるので、「再編成」ボタンを押下します。

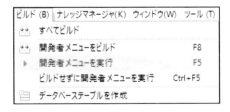

第3章　GeneXusドリル　113

【2】メニュー項目トランザクションを開きます

受注管理システム

Recents: メニュー項目 |

メニュー項目

メニュー項目番号	1
メニュー項目順序番号	0
メニュー項目タイトル	メイン

| メニュー項目リンク先 | # |

| メニュー項目子階層番号 | 10 |

実行　　終了　　削除

　メニュー項目トランザクションで以下のデータを登録します。
「メニュー項目リンク先」にある「com.jbccmenu2」の部分は、ナレッジベースの名称や設定によって変化します。ナレッジベースの設定を開き、JavaEnvironment ＞ジェネレーター＞Default (Java Web) のプロパティ「Java package name」の値を確認します。また、「メニュー項目リンク先」への登録データはすべて小文字にします。

114 ｜ 第3章　GeneXus ドリル

メニュー項目番号	メニュー項目順序番号	メニュー項目タイトル	メニュー項目リンク先	メニュー項目子階層番号
1	0	メイン	#	10
2	0	マスター管理	#	20
3	0	システム管理	#	30
10	1	受注処理	#	11
10	2	出荷処理	#	12
11	1	受注	com.jbccmenu2.juchu	
12	1	商品出荷	com.jbccmenu2.wp_shohinsyukka	
20	1	部署	com.jbccmenu2.busho	
20	2	担当者	com.jbccmenu2.tantosha	
20	3	顧客	com.jbccmenu2.wwkokyaku	
20	4	商品	com.jbccmenu2.shohin	
30	1	メニュー項目	com.jbccmenu2.menuitem	

◆アプリケーションの実行

ツリー型メニューから、アプリケーションが起動できることを確認します。

【1】ツリー型メニューを表示し、任意のアプリケーションを起動します

　任意のアプリケーションを起動し、ツリー型メニューが動作することを確認します。ツリー型メニューが表示されない場合、画面を更新するため、 F5 キーを押下します。

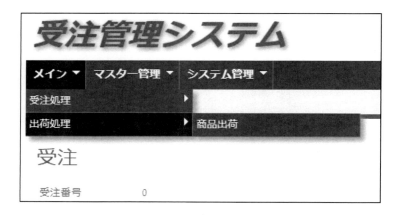

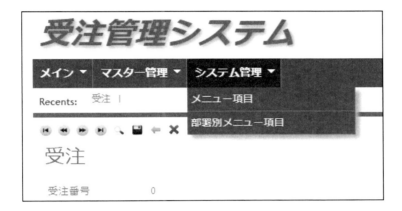

◆権限によってメニュー項目を変化させる処理の追加

　ログインした担当者の所属部署によって、表示メニューを変化させる処理を追加します。Smooth Navigational Menuコントロールの処理に条件分岐を記述していくこともできますが、データベースにメニュー構造を登録し、利用するこも可能です。今回はデータベースを利用するため、部署別メニュー項目トランザクションを作成します。

【1】トランザクションの作成
　ファイル＞新規＞オブジェクト よりTransactionを選択し、名前とデスクリプションを入力して「作成」ボタンを押下します。
　・名前：　BushoMenu
　・デスクリプション：　部署別メニュー項目

【2】必要な項目をStructureエレメントで定義します

「部署番号」「メニュー項目番号」「メニュー項目順序番号」の3つの項目を、主キーに設定します。主キーに設定するには、項目を右クリックして「主キーを設定・解除」を選択します。任意で「メニュー項目タイトル」を名称項目属性に設定します。名称項目属性に設定するには、項目を右クリックして「名称項目属性を設定・解除」を選択します。

設定	名前	タイプ	デスクリプション
主キー	BushoId	Numeric(4.0)	部署番号
-	BushoName	VarChar(40)	部署名
主キー	MenuItemId	VarChar(50)	メニュー項目番号
主キー	MenuItemSeq	Numeric(8.0)	メニュー項目順序番号
名称項目属性	MenuItemTitle	VarChar(500)	メニュー項目タイトル

118　第3章　GeneXusドリル

◆メニュー項目を扱うデータプロバイダの変更

所属部署によってメニュー表示項目を変化させるため、データプロバイダの処理を変更します。

【1】必要なパラメータをRulesエレメントで定義します

ログインした担当者の所属部署情報を受け取るため、部署番号のパラメータを追加します。

Root Module ＞ SmoothNavMenu ＞ SmoothNavMenuDataItemsDPを開き、Rulesエレメントを開きます。以下のように部署番号のパラメータを追加します。

```
Parm(In:BushoId,In:MenuItemId);
```

【2】処理内容をSourceエレメントで以下の通り変更します

「SmoothNavMenuDataItemsDP」データプロバイダに部署番号に関する処理を追加します。「Order」の行と「Items = SmoothNavMenuDataItemsDP」（再帰呼び出し）の行に対して、「BushoId」を追加します。この変更によりこのデータプロバイダは、メニュー項目を読み取る処理から部署別メニュー項目を読み取る処理に変更されます。

```
SmoothNavMenuData
{
    SmoothNavMenuItem
    Order BushoId,MenuItemId,MenuItemSeq
    {
        Id = MenuItemId
        Title = MenuItemTitle
        Link = MenuItemLink
        Items =
SmoothNavMenuDataItemsDP(BushoId,MenuItemChildId)
    }
}
```

【3】必要なパラメータをRulesエレメントで定義します

「SmoothNavMenuDataDP」データプロバイダに対して、ログインした担当者の所属部署情報を受け取るために、部署番号のパラメータを追加します。

Root Module ＞ SmoothNavMenu ＞ SmoothNavMenuDataDP を開き、Rulesエレメントで部署番号のパラメータを追加します。

```
Parm(In:BushoId);
```

【4】処理内容をSourceエレメントで変更します

Sourceエレメントを開き、部署番号に関する処理を以下の通り追加します。「Order」の行と「Items = SmoothNavMenuDataItemsDP」の行に対して、「BushoId」の記述を追加します。この変更により、メニュー項目を読み取る処理から部署別メニュー項目を読み取る処理へと変更します。

```
SmoothNavMenuData
{
    SmoothNavMenuItem
    Order BushoId,MenuItemId
    Where MenuItemSeq= 0
    {
        Id = MenuItemId
        Title = MenuItemTitle
        Link = MenuItemLink
```

```
        Items = SmoothNavMenuDataItemsDP(BushoId,MenuItemChildId)
    }
}
```

```
SmoothNavMenuData
{
    SmoothNavMenuItem
    Order BushoId,MenuItemId
    Where MenuItemSeq = 0
    {
        Id = MenuItemId
        Title = MenuItemTitle
        Link = MenuItemLink
        Items = SmoothNavMenuDataItemsDP(BushoId,MenuItemChildId)
    }
}
```

◆データプロバイダ呼び出し処理の変更

マスターページからデータプロバイダを呼び出す際に、ログインした担当者の所属部署情報を受け渡すように処理を変更します。

【1】AppMasterPageを開きます

KBエクスプローラーのツリーから、Root Module ＞ GeneXus ＞ Web より「AppMasterPage」を開きます。

【2】Eventsエレメントを開きます

データプロバイダを呼び出す処理を変更します。SmoothNavMenuサブルーチンの中でデータプロバイダ「SmoothNavMenuDataDP」を呼び出します。ログイン情報の部署番号を受け渡すように変更します。

```
//Sample code for Smooth Navigational Menu
Sub 'SmoothNavMenu'
    &SmoothNavMenuData = SmoothNavMenuDataDP.Udp(&LogInInfo.BushoId)
EndSub

//Smooth Navigational Menu control OnClick event handler
```

第3章　GeneXus ドリル　121

```
    &SmoothNavMenuData =
SmoothNavMenuDataDP.Udp(&LogInInfo.BushoId)
```

◆部署、担当者、部署別メニュー項目のデータの登録

部署、担当者、部署別メニュー項目を登録します。

【1】ビルド＞開発者メニューを実行します

「データベースの再編成が必要です。」画面が表示されるので、「再編成」ボタンを押下します。

ビルド (B)	ナレッジマネージャ(K)	ウィンドウ(W)	ツール (T)
すべてビルド			
開発者メニューをビルド			F8
▶ 開発者メニューを実行			F5
ビルドせずに開発者メニューを実行			Ctrl+F5
ビルド			

【2】部署トランザクションを開きます

部署トランザクションで以下のデータを登録します。

部署番号	部署名
1	部署1
80	業務部
90	システム管理部

【3】担当者トランザクションを開きます

担当者トランザクションで以下のデータを登録します。

担当者番号	担当者名	部署番号
1	担当者1	1
80	業務部担当者	80
90	システム管理者	90

受注管理システム

| メイン ▼ | マスター管理 ▼ | システム管理 ▼ |

Recents: 受注 ｜ メニュー項目 ｜ 部署別メニュー項目

⏮ ⏪ ⏩ ⏭ 🔍 💾 ⬅ ✖

担当者

担当者番号	80
担当者名	業務部担当者
担当者パスワード	●●
担当者電話番号	888-8888-8888
担当者住所	東京都港区

| 部署番号 | 80 ⇧ |
| 部署名 | 業務部 |

実行　終了　削除

【4】部署別メニュー項目トランザクションを開きます

部署別メニュー項目トランザクションで以下のデータを登録します。

部署番号	メニュー項目番号	メニュー項目順序番号
1	1	0
1	10	1
1	10	2
1	11	1
1	12	1
80	1	0
80	2	0
80	10	1
80	10	2
80	11	1
80	12	1
80	20	1
80	20	2
80	20	3
80	20	4
90	1	0
90	2	0
90	3	0
90	10	1
90	10	2
90	11	1
90	12	1
90	20	1
90	20	2
90	20	3
90	20	4
90	30	1
90	30	2

受注管理システム

メイン ▼ | マスター管理 ▼ | システム管理 ▼

Recents: 受注 | メニュー項目 | 部署 | 担当者 |

部署別メニュー項目

部署番号	1
部署名	部署1
メニュー項目番号	1
メニュー項目順序番号	0
メニュー項目タイトル	メイン

実行 終了 削除

◆アプリケーションの実行

　ツリー型メニューの内容が、ログインした担当者の所属部署によって変化することを確認します。

【1】システム管理部に所属するシステム管理者でログインします

　画面上部のツリー型メニューにて、すべてのメニューが開くこと、各アプリケーションが起動することを確認します。

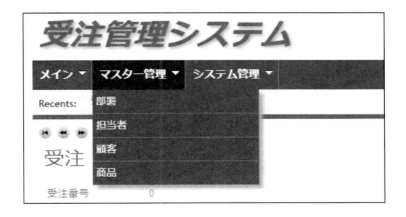

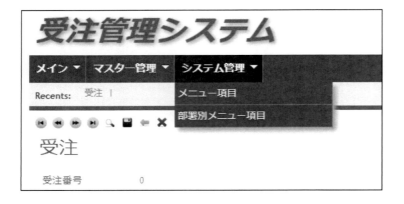

動作が確認できたらログアウトしてログイン画面へ戻ります。

【2】業務部に所属する担当者でログインします

画面上部のツリー型メニューにて、「システム管理」のカテゴリーが非表示になっていることを確認します。

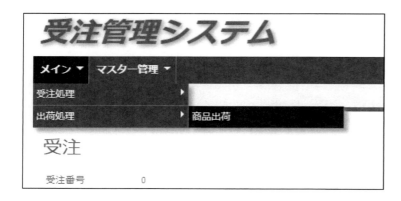

動作が確認できたらログアウトしてログイン画面へ戻ります。

【3】最後に、部署１に所属する担当者１でログインします

画面上部のツリー型メニューにて、「メイン」カテゴリーのみ表示され、「システム管理」「マスター管理」のカテゴリーが非表示になっていることを確認します。

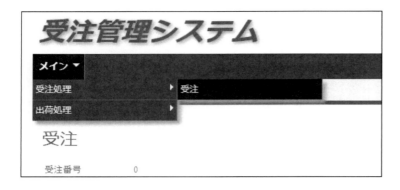

3-1-4　排他制御編

【キーワード】ToString, Trim,PadL, Link

　本項では、排他制御を紹介します。アプリケーションを使用してデータを更新する際に、他のユーザーやアプリケーションからも同じデータを更新しようとしている可能性があります。ほぼ同時に更新を行った場合、先に処理された更新内容は後で処理された更新内容で上書きされてしまいます。このような動作を防ぐため、あるデータを他のユーザーやアプリケーションが更新しようとしている場合にそのデータが使用中であるというメッセージを表示して更新させないようにします。

◆排他制御用トランザクションの作成

　使用中のデータを格納しておくため、排他制御用のTransactionオブジェクトを作成します。

【1】トランザクションの作成

　ファイル＞新規＞オブジェクト よりTransactionを選択し、名前とデスクリプションを入力して「作成」ボタンを押下します。
・名前：　Exclusion
・デスクリプション：　排他

第3章　GeneXus ドリル　131

【2】必要な項目をStructureエレメントで定義します

「排他トランザクション名」「排他トランザクションキー」のふたつを主キーに設定します。主キーに設定するには、項目を右クリックして「主キーを設定・解除」を選択します。「排他日時」は名称項目属性に設定します。名称項目属性に設定するには、項目を右クリックして「名称項目属性を設定・解除」を選択します。

設定	名前	タイプ	デスクリプション
主キー	ExclTranName	VarChar(40)	排他トランザクション名
主キー	ExclTranKey	VarChar(40)	排他トランザクションキー
名称項目属性	ExclDateTime	DateTime	排他日時

「排他トランザクション名」は使用中であるデータが所属するトランザクションの名前を格納します。「排他トランザクションキー」に格納するのは、使用中であるデータのキー項目の値です。この2種類の情報で、使用中であるデータを特定します。

◆排他ロックプロシージャの作成

排他トランザクションへデータを作成するためのプロシージャを作成します。このプロシージャは、対象トランザクションの名前とキー項目の値を受け取り、それに該当する排他データが存在するかを検証し、存在しない場合は排他データを作成します。

【1】プロシージャの作成

ファイル>新規>オブジェクト よりProcedureを選択し、名前とデスクリプションを入力して「作成」ボタンを押下します。

・名前： Prc_ExclLock
・デスクリプション： 排他ロック

【2】必要な変数をVariablesエレメントで定義します

名前	タイプ	用途
ExclTranName	Attribute:ExclTranName	排他トランザクション名
ExclTranKey	Attribute:ExclTranKey	排他トランザクションキー
IsLocked	Boolean	ロック状況

【3】必要なパラメータをRulesエレメントで定義します

対象トランザクションの名前とキー項目の値を受け取り、排他データの有無を返します。

Parm(In:&ExclTranName,In:&ExclTranKey,Out:&IsLocked);

第3章　GeneXusドリル　133

【4】排他データの検査処理をSourceエレメントで以下の通り定義します

受け取ったパラメータにて排他データの存在を検査し、排他データがまだ存在していない場合に排他データを新規作成する処理を記述します。

```
//排他データの存在検査
For Each
    Where ExclTranName = &ExclTranName
    Where ExclTranKey = &ExclTranKey

    //排他データがすでに存在する
    &IsLocked = True

When None

    //排他データはまだ存在しない
    &IsLocked = False

    //排他データを新規作成
    New
        ExclTranName = &ExclTranName
        ExclTranKey = &ExclTranKey
        ExclDateTime = ServerNow()
    EndNew

EndFor
```

◆排他ロック解除プロシージャの作成

　排他制御トランザクションのデータを削除するプロシージャを作成します。ユーザーやアプリケーションがデータ更新を終えた時点で排他データを削除し、排他制御を完了します。

【1】プロシージャを作成します
　ファイル＞新規＞オブジェクト よりProcedureを選択し、名前とデスクリプションを入力して「作成」ボタンを押下します。
　・名前：　Prc_ExclUnLock
　・デスクリプション：　排他ロック解除

【2】必要な変数をVariablesエレメントで定義します

名前	タイプ	デスクリプション
ExclTranName	Attribute:ExclTranName	排他トランザクション名
ExclTranKey	Attribute:ExclTranKey	排他トランザクションキー

【3】必要なパラメータをRulesエレメントで定義します

対象トランザクションの名前とキー項目の値を受け取ります。

```
Parm(In:&ExclTranName,In:&ExclTranKey);
```

【4】排他データ削除処理をSourceエレメントで以下の通り定義します

```
//排他データの削除
For Each
    Where ExclTranName = &ExclTranName
    Where ExclTranKey = &ExclTranKey

    Delete

EndFor
```

```
GX 開始ページ ×    Prc_ExclUnLock ×

Source | Layout | Rules | Conditions | Variables | Help | Documentation

1   //排他データの削除
2   For Each
3       Where ExclTranName = &ExclTranName
4       Where ExclTranKey = &ExclTranKey
5
6       Delete
7
8   EndFor
9
```

◆排他ロックプロシージャの呼び出し

顧客一覧画面から明細行を更新・削除するときに、排他ロックプロシージャを呼び出します。

【1】顧客一覧画面を開きます

KBエクスプローラーのツリーから、Kokyaku > WorkWithKokyaku より「WWKokyaku」を開きます。

【2】必要な変数をVariablesエレメントで定義します

名前	タイプ	用途
IsLocked	Boolean	ロック状況

第3章　GeneXusドリル　137

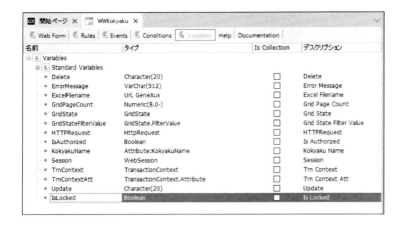

【3】画面項目をWeb Formエレメントで変更します

　Web Formエレメントを開き、レイアウト下部グリッド左端の&Updateを選択し、プロパティ「On Click Event」に「'Update'」を設定し、右クリックメニューから「イベントへ移動」を選択します。

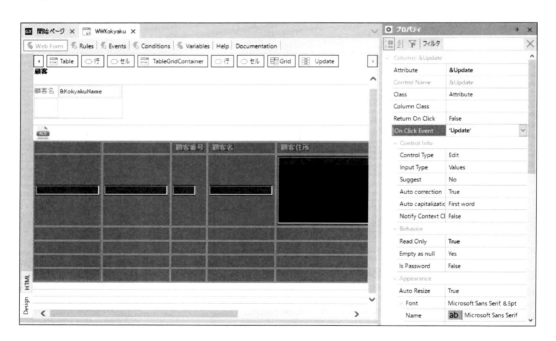

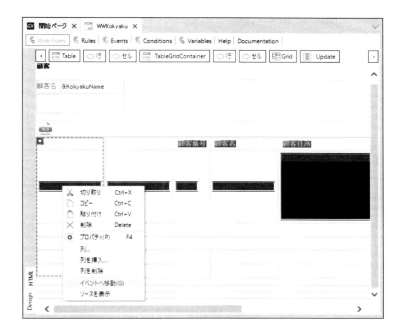

【4】明細行の更新処理をEventsエレメントにて以下の通り定義します

Updateイベント内に、排他ロックプロシージャの呼び出し処理を記述します。排他ロックプロシージャに、対象トランザクションの名前とキー項目の値を受け渡します。

```
Event 'Update'
    &IsLocked = Prc_ExclLock.Udp("Kokyaku",PadL(KokyakuId.ToString().Trim(),4,"0"))
    If &IsLocked = True
        Msg("顧客番号" + KokyakuId.ToString().Trim() + "のデータは使用中のため更新できません。")
    Else
        Kokyaku.Call(TrnMode.Update, KokyakuId)
    EndIf
Endevent
```

以下に主要な処理と関数について解説します。

```
&IsLocked = Prc_ExclLock.Udp("Kokyaku",PadL(KokyakuId.ToString().Trim(),4,"0"))
```

対象トランザクションの名前は文字列「Kokyaku」、キー項目の値は明細行のKokyakuIdです。排他制御トランザクションの排他トランザクションキーのデータ型は文字列型ですので、

以下の関数を使います。

・ToString関数： 数値型データを文字列型データへと変換します。

・Trim関数： 変換後の文字列の前後のスペースを削除します。

・PadL関数： 変換後の文字列の左側にKokyakuIdの桁数の分だけゼロ埋めを行います。

KokyakuIdが1の場合文字列「0001」、KokyakuIdが100の場合文字列「0100」が受け渡されます。

今回は、Udp関数を使用してプロシージャを呼び出します。排他データの有無を変数「&IsLocked」で受け取ります。

次に、排他データが存在する場合と存在しない場合の処理を記述します。

```
If &IsLocked = True
    Msg("顧客番号" + KokyakuId.ToString().Trim() + "のデータは使用中のため更
新できません。")
Else
    Kokyaku.Call(TrnMode.Update, KokyakuId)
EndIf
```

排他データが存在する場合（変数「&IsLocked」の値がTrue）、Msg関数を使用してメッセージを出力します。Msg関数に文字列型の変数を受け渡します。

今回は、明細行のKokyakuIdを文字列型データへと変換し、変換後の文字列の前後スペースを削除してからメッセージ文字列と連結します。KokyakuIdが1の場合「顧客番号1のデータは使用中のため更新できません。」というメッセージを出力します。

排他データが存在しない場合（変数「&IsLocked」の値がFalse）、顧客トランザクションを更新モードで呼び出します。第1パラメータには顧客トランザクションの呼び出しモードTrnMode.Update、第2パラメータには明細行のKokyakuIdを受け渡します。

【5】画面項目をWeb Formエレメントで変更します

　Web Formエレメントを開き、レイアウト下部グリッド左端から2番目の列の&Deleteを選択し、プロパティ「On Click Event」に「'Delete'」を設定し、右クリックメニューから「イベントへ移動」を選択します。

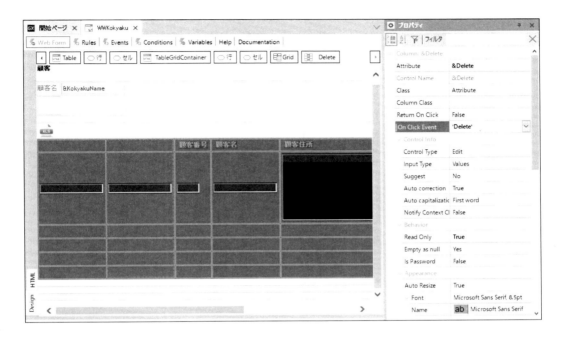

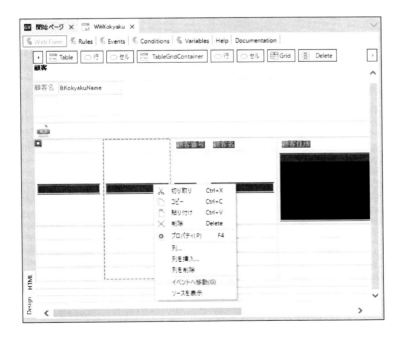

【6】明細行の削除処理をEventsエレメントにて以下の通り定義します

　Deleteイベント内に、排他ロックプロシージャの呼び出し処理、排他データが存在する場合に画面へメッセージを出力する処理、排他データが存在しない場合に顧客トランザクションを削除モードで呼び出す処理を記述します。

```
Event 'Delete'
    &IsLocked =
Prc_ExclLock.Udp("Kokyaku",PadL(KokyakuId.ToString().Trim(),4,"0"))
    If &IsLocked = True
        Msg("顧客番号" + KokyakuId.ToString().Trim() + "のデータは使
用中のため削除できません。")
    Else
        Kokyaku.Call(TrnMode.Delete, KokyakuId)
    EndIf
Endevent
```

　顧客トランザクションを削除モードで呼び出すには、第1パラメータにモードTrnMode.Delete、第2パラメータに明細行のKokyakuIdを受け渡します。処理記述の構成は、明細行を更新と同様です。

【7】Work Withパターンが自動作成した詳細画面の呼び出し処理をコメント化します

UpdateイベントとDeleteイベントを定義したので、Work Withパターンが自動作成した呼び出し処理をコメント化します。

```
//Event Grid.Load
//    &Update.Link = Kokyaku.Link(TrnMode.Update, KokyakuId)
//    &Delete.Link = Kokyaku.Link(TrnMode.Delete, KokyakuId)
//    KokyakuName.Link = ViewKokyaku.Link(KokyakuId, "")
//EndEvent
```

【8】画面レイアウトを Web Form エレメントで変更します

一覧画面のレイアウト上にエラービューアを配置し、対象データが使用中である場合にメッセージを赤文字で出力します。Web Form エレメントを開き、レイアウトの任意の場所にエラービューアコントロールを配置します。

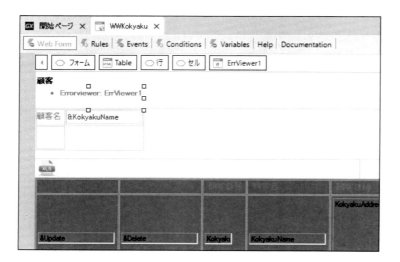

◆排他ロック解除プロシージャの呼び出し

顧客詳細画面から「終了」ボタンを押下して一覧画面へ戻るときに、排他ロック解除プロシージャを呼び出します。

【1】顧客トランザクションを開きます

KB エクスプローラーのツリーから、Kokyaku を開きます。

【2】画面項目を Web Form エレメントで変更します

Web Form エレメントを開き、「終了」ボタンを選択し、プロパティ「On Click Event」に「'BtnCancel'」を設定し、右クリックメニューから「イベントへ移動」を選択します。

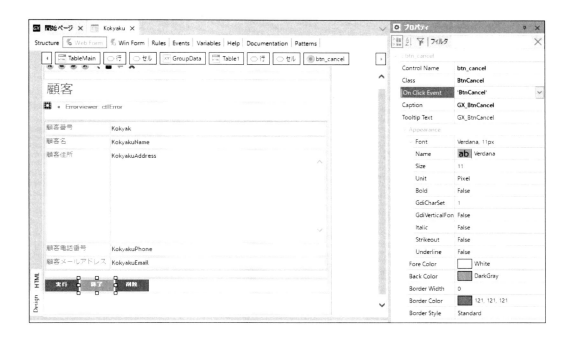

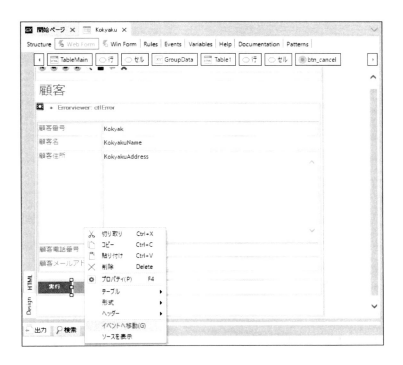

【3】「終了」ボタン押下時の処理をEventsエレメントにて以下の通り定義します

BtnCancelイベント内に、排他ロック解除プロシージャを呼び出す処理を記述します。

```
Event 'BtnCancel'

Prc_ExclUnLock.Call("Kokyaku",PadL(KokyakuId.ToString().Trim(),
4,"0"))
        Return
    Endevent
```

　排他ロック解除プロシージャに、第1パラメータに対象トランザクションの名前「Kokyaku」、第2パラメータに顧客データのキー項目「KokyakuId」を受け渡します。排他ロック解除プロシージャは出力パラメータを持っていないので、Udp関数は使用しません。また、画面を終了するためにReturnコマンドを記述します。Returnコマンドはアプリケーションを終了し、呼び出し元のアプリケーションへ処理を戻します。

146 　第3章　GeneXus ドリル

◆アプリケーションの実行

　同一データの同時編集を防ぐことが可能か確認します。

【1】ビルド＞開発者メニューを実行 を行います

「データベースの再編成が必要です。」画面が表示されるので、「再編成」ボタンを押下します。

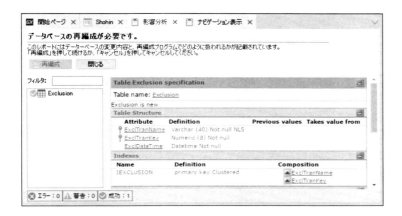

【2】顧客一覧画面を開き、更新動作を確認します

　任意の行で「更新」を開きます。

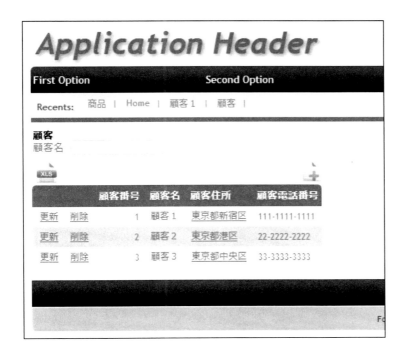

このタイミングでその明細行に対する排他データを作成します。排他データを確認します。

【3】別ウィンドウで顧客一覧画面を開きます

ビルド＞ビルド せずに「開発者メニューを実行」を使用すると、開発者メニューの起動が容易です。先ほどと同じ明細行への更新を試すため、新しいウィンドウで同じ明細行に対し「更新」をクリックします。すると、そのデータが使用中であることを示すメッセージが表示され、排他制御されていることを確認します。

【4】顧客一覧画面を開き、削除動作を確認します

先ほどと同じ明細行への削除を試すため、新しいウィンドウで同じ明細行に対し「削除」をクリックします。すると、そのデータが使用中であることを示すメッセージが表示され、排他制御されていることを確認します。

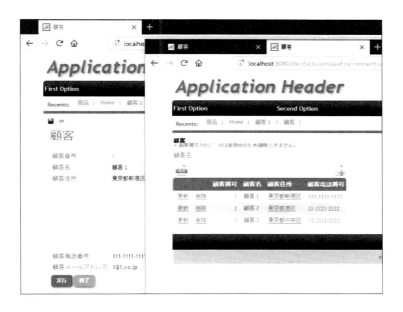

【5】最初のウィンドウで「終了」ボタンを押下します

「終了」ボタンを押下すると、排他データを削除します。これにより、別ウィンドウから、該当の明細行の編集が可能になります。

3-2　Webシステム開発編

3-2-1　既存DB活用編

【キーワード】DBRET

　本項では、GeneXusの標準機能であるDatabase Reverse Engineering Tool（以下、DBRET）を利用し、既存データベースを活用する手順を紹介します。
　DBRETとは、GeneXusで作成したアプリケーションから既存のデータベースにアクセスするための機能で、TransactionオブジェクトやData Viewオブジェクトなどが自動生成されます。
　本項では、SQL Server上にある商品マスタ（Shohin）をリバースエンジニアリングする手順を紹介します。DBRETは、GeneXusが対応しているならSQL Server以外のDBMSでも本項と同様の手順で実行できます。また、接続方法はJDBC、ODBC、ADO.NET接続から選択可能です。（本項では、JDBC接続を利用します。）

◆DBRETの実行

　DBRETを使用してリバースエンジニアリングを行います。

【1】ツール＞データベースリバースエンジニアリングを選択します

【2】DBMSを選択します
　SQL Serverを選択します。

【3】リバースエンジニアリング対象のデータベースへの接続情報を入力します

　接続方法入力域は、選択したDBMSや接続タイプによって変化します。今回は「JDBC」を選択します。

「クラスパス」には、接続時に使用するドライバーのパスを指定します。代表的なドライバーは、GeneXusインストールフォルダ内の以下の場所に用意されています。
C:¥Program Files (x86)¥GeneXus¥GeneXus16JP¥gxjava¥drivers

　今回の例では、その中の「jtds-1.2.jar」を、以下のように指定しています。
C:¥Program Files (x86)¥GeneXus¥GeneXus16JP¥gxjava¥drivers¥jtds-1.2.jar

第3章　GeneXusドリル　151

【4】「次へ」ボタンを押下するとデータベースオブジェクトの選択画面が表示されます

　左ペインにてリバースエンジニアリングを行いたいテーブルを選択して「＞」ボタンを押下し、右ペインへ移動します。全テーブルを選択する場合は「＞＞」ボタンを押下します。選択が完了したら「次へ」ボタンを押下します。

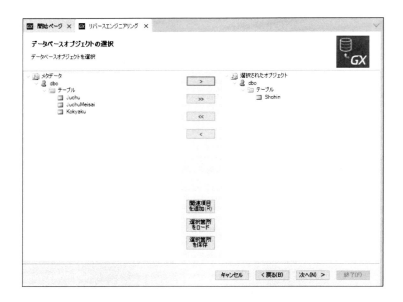

【5】リバースエンジニアリングレポートが表示されます

　ここでは今回のリバースエンジニアリングの結果、ナレッジベースへ追加されることになるオブジェクトの情報が表示されます。Descriptionを見ると、項目名が日本語です。これは、元のSQLServer側のデータベースにコメントが定義されていたためです。コメント定義が無い場合、DescriptionにはName（項目名）が採用されます。通常はアルファベット名になるので日本語にする場合は、DBRETでデータベース情報を取り込んでから各項目のデスクリプションをTransactionオブジェクトか項目属性リストで日本語化します。

第3章　GeneXus ドリル

DescriptionをNameとするかコメントとするかなど、各種設定やルールを定義することも可能です。詳細はGeneXus Wikiをご参照ください。「終了」ボタンを押下します。

【6】リバースエンジニアリングの処理結果を確認します

今回の例では、既存の商品マスタ（Shohin）が、TransactionオブジェクトやData Viewオブジェクトとして追加されたことが確認できます。

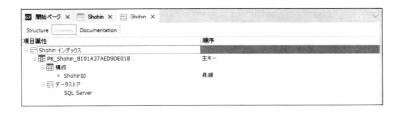

◆アプリケーションの実行

　リバースエンジニアリングによって既存データベースへのアクセスが可能になったことを確認します。

【1】ビルド＞開発者メニューを実行 します

「ビルドプロセスに必要なプロパティを設定」画面が表示された場合は、「接続を編集」ボタンを押下し、データベースサーバーの接続情報を設定してください。

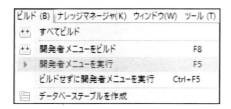

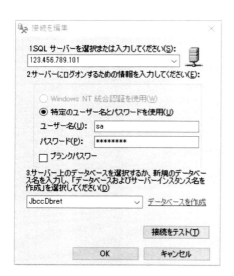

【2】「影響分析」を確認します

既存資産へのアクセスであるため、データベーステーブルは変更されないことが通知されます。「続行」ボタンを押下します。

【3】作成したアプリケーションから既存データベースへのアクセスが行われていることを確認します

必要に応じて、画面見出し（今回は「Shohin」です）は、Transactionオブジェクトのプロパティ「Description」で変更します。

Filtersの見出しを修正する場合は、対応するWeb Panelの該当項目のキャプションを確認します。Transactionオブジェクトか項目属性リストの項目プロパティにて名称を変更します。

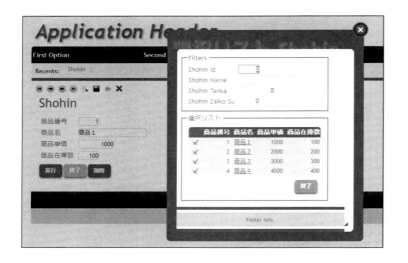

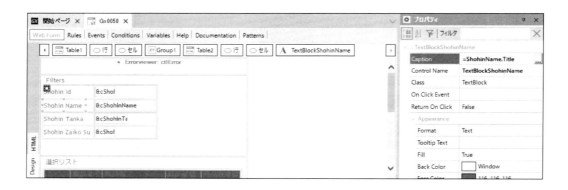

3-2-2　CSVインポート編

【キーワード】区切りASCIIファイル関数，new、blob

本項では、CSVインポートを紹介します。
今回は、CSV形式の顧客データを顧客テーブルにインポートします。

◆CSVインポート処理の定義

Procedureオブジェクトを使ってCSVファイルから読み取ったデータを登録する処理を定義します。

【1】ファイル＞新規＞オブジェクト よりProcedureを選択し、名前とデスクリプションを入力して「作成」ボタンを押下します
　・名前：　Prc_KokyakuCSVImport
　・デスクリプション：　顧客CSVインポート

【2】必要な変数をVariablesエレメントで定義します

名前	タイプ	用途
i	Numeric(4.0)	各関数の実行結果を受け取る
ImportCsvFilePath	VarChar(256)	ファイルパス
Number	Numeric(16.0)	数値項目インポート
Text	VarChar(1K)	文字列項目インポート

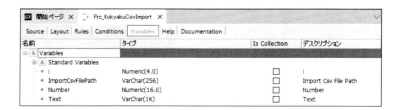

【3】パラメータをRulesエレメントで定義します

CSVファイルのパスを受け取れるようにします。

```
Parm(in:&ImportCsvFilePath);
```

【4】CSV読み取り処理をSorceエレメントで定義します

```
//CSVファイルを開く
&i = DFROpen(&ImportCsvFilePath.Trim(),,",",,"SJIS")

//CSVファイルのレコードを読み取り
Do while DFRNext() = 0

    //顧客のデータを作成
    New
        &i = DFRGNum(&Number)
```

```
            KokyakuId = &Number
            &i = DFRGTxt(&Text)
            KokyakuName = &Text
            &i = DFRGTxt(&Text)
            KokyakuAddress = &Text
            &i = DFRGTxt(&Text)
            KokyakuPhone = &Text
            &i = DFRGTxt(&Text)
            KokyakuEmail = &Text
        EndNew

EndDo

//CSVファイルを閉じる
&i = DFRClose()
```

```
 1    //CSVファイルを開く
 2    &i = DFROpen(&ImportCsvFilePath.Trim(),,",",,"SJIS")
 3
 4    //CSVファイルのレコードを読み取り
 5 ┌  Do while DFRNext() = 0
 6
 7        //顧客のデータを作成
 8 ┌      New
 9            &i = DFRGNum(&Number)
10            KokyakuId = &Number
11            &i = DFRGTxt(&Text)
12            KokyakuName = &Text
13            &i = DFRGTxt(&Text)
14            KokyakuAddress = &Text
15            &i = DFRGTxt(&Text)
16            KokyakuPhone = &Text
17            &i = DFRGTxt(&Text)
18            KokyakuEmail = &Text
19 └      EndNew
20
21 └  EndDo
22
23    //CSVファイルを閉じる
24    &i = DFRClose()
25
```

第3章　GeneXus ドリル　161

◆顧客CSVインポートプロシージャ呼び出し画面の作成

Web Panelオブジェクトで定義します。

【1】Webパネルを作成します

ファイル＞新規＞オブジェクト よりWeb Panelを選択し、名前とデスクリプションを入力して「作成」ボタンを押下します。

・名前： WP_KokyakuCsvImport
・デスクリプション： 顧客CSVインポート

【2】必要な変数をVariablesエレメントで定義します

以下の変数を定義します。

名前	タイプ	用途
ImportCsvFileBlob	Blob	ファイル選択領域

Blobデータタイプを使用することで、ファイル選択ボタンを表示できるようになります。

【3】画面レイアウトをWeb Formエレメントで定義します

① ツールボックスより、「テーブル」をドラッグ&ドロップ
テーブルを挿入画面にて3行1列を指定して「OK」ボタンを押下。
② ツールボックスより、「エラービューアー」をテーブルの1行目にドラッグ&ドロップ。
③ ツールボックスより、「項目属性/変数」をテーブルの2行目にドラッグ&ドロップ。
`ImportCsvFileBlob`を選択
④ ツールボックスより、「ボタン」をテーブルの3行目にドラッグ&ドロップ
ボタンのプロパティを以下の通りに設定。

On Click Event	ButtonImport
`Caption`	インポート

【4】Eventsエレメントで処理手順を定義します

「インポート」ボタンの右クリックメニューから「イベントへ移動」を選択するとEventsエレメントが開き、ButtonImportイベントの領域が作られるので、ButtonImportイベント内に以下の通り定義します。

```
Event 'ButtonImport'
    If &ImportCsvFileBlob.IsEmpty()

        Msg("インポートするファイルを選択してください。")

    Else

        Prc_KokyakuCsvImport.Call(&ImportCsvFileBlob)
        Msg("インポート処理を実行しました。")

    Endif
Endevent
```

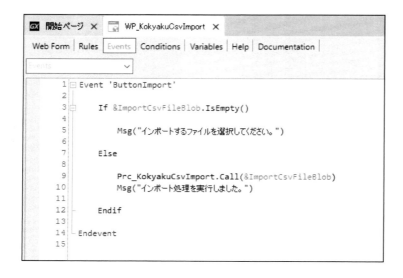

◆アプリケーションの実行

　顧客データのインポート結果を確認します。

【1】ビルド＞開発者メニューを実行 を行います

「データベースの再編成が必要です。」画面が表示される場合、「再編成」ボタンを押下します。

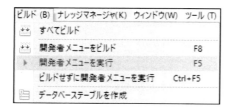

【2】ファイル指定せずに「インポート」ボタンを押下すると、「インポートするファイルを選択してください。」というエラーが表示されます

【3】「ファイル選択」ボタンを押下し、インポートするCSVファイルを選択します

あらかじめ、Kokyaku.csvを準備しておきます。登録データは次の通りです。

```
1,顧客1,顧客1住所,11-1111-1111,kokyaku1@kokyaku1.co.jp
2,顧客2,顧客2住所,22-2222-2222,kokyaku2@kokyaku2.co.jp
3,顧客3,顧客3住所,33-3333-3333,kokyaku3@kokyaku3.co.jp
4,顧客4,顧客4住所,44-4444-4444,kokyaku4@kokyaku4.co.jp
5,顧客5,顧客5住所,55-5555-5555,kokyaku5@kokyaku5.co.jp
```

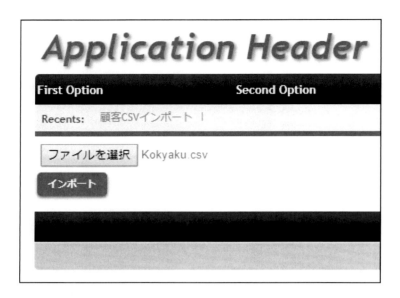

【4】「インポート」ボタンを押下すると、「インポート処理を実行しました。」というメッセージが表示されます

【5】顧客トランザクション（WWKokyaku）を開き、インポート結果を確認します

Application Header

First Option			Second Option	

Recents: 顧客CSVインポート ｜ 顧客 ｜

顧客

顧客名 [　　　　　　　　　　]

		顧客番号	顧客名	顧客住所	顧客電話番号
更新	削除	1	顧客1	顧客1住所	11-1111-1111
更新	削除	2	顧客2	顧客2住所	22-2222-2222
更新	削除	3	顧客3	顧客3住所	33-3333-3333
更新	削除	4	顧客4	顧客4住所	44-4444-4444
更新	削除	5	顧客5	顧客5住所	55-5555-5555

第3章　GeneXus ドリル

3-2-3　CSVエクスポート編

【キーワード】区切りASCIIファイル関数

本項では、CSVエクスポートを紹介します。
今回は、顧客トランザクションを使用して顧客データをCSV形式でエクスポートします。

◆CSVエクスポート処理の定義

Procedureオブジェクトを使って顧客データをCSVファイルとしてエクスポートする処理を定義します。

【1】ファイル＞新規＞オブジェクト よりProcedureを選択し、名前とデスクリプションを入力して「作成」ボタンを押下します
・名前：　Prc_KokyakuCSVExport
・デスクリプション：　顧客CSVエクスポート

【2】必要な変数をVariablesエレメントにて定義します

名前	タイプ	用途
ExportCsvFilePath	VarChar(256)	ファイルパス
i	Numeric(4.0)	各関数の実行結果を受け取る

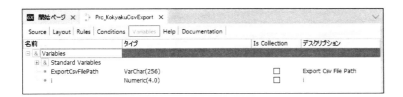

【3】顧客CSV書き出し処理をSorceエレメントで定義します

今回は検索条件を設けず、登録された顧客データ全件を対象にエクスポートします。

```
&ExportCsvFilePath = "C:\Temp\KokyakuExport.csv"

//CSVファイルを作成して開く
&i = DFWOpen(&ExportCsvFilePath,",",,0,"SJIS")

//顧客データを読み取り
For Each
    Order KokyakuId

    &i = DFWPNum(KokyakuId,0)
    &i = DFWPTxt(KokyakuName.Trim())
    &i = DFWPTxt(KokyakuAddress.Trim())
    &i = DFWPTxt(KokyakuPhone.Trim())
    &i = DFWPTxt(KokyakuEmail.Trim())

    //改行
    &i = DFWNext()
EndFor

//CSVファイルを閉じる
&i = DFWClose()
```

```
開始ページ   ×      Prc_KokyakuCsvExport   ×

Source  Layout  Rules  Conditions  Variables  Help  Documentation

サブルーチン                       ∨

 1     &ExportCsvFilePath = "C:\Temp\KokyakuExport.csv"
 2
 3     //CSVファイルを作成して開く
 4     &i = DFWOpen(&ExportCsvFilePath,",",,0,"SJIS")
 5
 6     //顧客データを読み取り
 7  ⊟ For Each
 8         Order KokyakuId
 9
10         &i = DFWPNum(KokyakuId,0)
11         &i = DFWPTxt(KokyakuName.Trim())
12         &i = DFWPTxt(KokyakuAddress.Trim())
13         &i = DFWPTxt(KokyakuPhone.Trim())
14         &i = DFWPTxt(KokyakuEmail.Trim())
15
16         //改行
17         &i = DFWNext()
18  ⊢ EndFor
19
20     //CSVファイルを閉じる
21     &i = DFWClose()
22
```

◆顧客CSVエクスポートプロシージャ呼び出し画面の作成

Web Panelオブジェクトで定義します。

【1】Webパネルを作成します

ファイル>新規>オブジェクト よりWeb Panelを選択し、名前とデスクリプションを入力して「作成」ボタンを押下します。

・名前：　WP_KokyakuCsvExport

・デスクリプション：　顧客CSVエクスポート

【2】画面のレイアウトをWeb Formエレメントで定義します

① ツールボックスより、テーブルをドラッグ＆ドロップ
テーブルを挿入画面にて2行1列を指定して「OK」ボタンを押下。

② ツールボックスより、エラービューアーをテーブルの1行目にドラッグ＆ドロップ

③ ツールボックスより、ボタンをテーブルの2行目にドラッグ＆ドロップ
ボタンのプロパティを以下の通りに設定。

On Click Event	ButtonExport
Caption	エクスポート

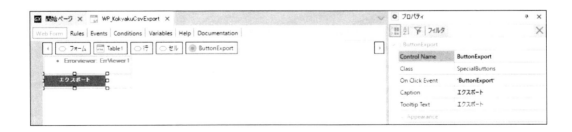

【3】Eventsエレメントで処理手順を定義します

「エクスポート」ボタンの右クリックメニューからイベントへ移動を選択するとEventsエレメントが開き、ButtonExportイベントの領域が作られるので、ButtonExportイベント内に以下の通り定義します。

```
Event 'ButtonExport'

    Prc_KokyakuCsvExport.Call()
    Msg("エクスポート処理を実行しました。")

Endevent
```

◆アプリケーションの実行

顧客データのエクスポート結果を確認します。

【1】ビルド＞開発者メニューを実行 を行います

「データベースの再編成が必要です。」画面が表示される場合、「再編成」ボタンを押下します。

【2】「エクスポート」ボタンを押下すると、「エクスポート処理を実行しました。」というメッセージが表示されます

【3】実行環境の「C:\Temp\」を開き「KokyakuExport.csv」を確認します

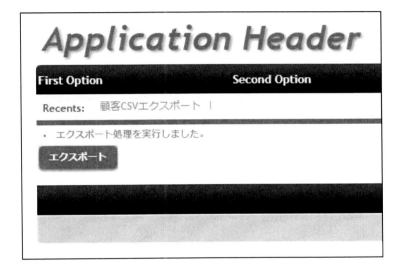

3-2-4　Excelインポート編

【キーワード】ExcelDocumentデータタイプ，new，blob

　本項では、Excelインポートを紹介します。今回は、Excelファイルの顧客データを読み取り、顧客テーブルにインポートします。

　Excelデータの読み取りとテーブルへのデータ登録を行うプロシージャを作成し、Webパネルから呼び出します。Excelファイルの取り扱いにはExcelDocumentデータタイプを使用します。

◆顧客トランザクションの変更

「3-2-5 Excelエクスポート編」を実施済みの場合、この手順は不要です。Excelデータを読み書きする場合、項目ごとに数値型（Number）、文字列型（Text）、日付型（Date）のいずれかをExcelDocumentデータタイプのCellsメソッドで指定します。顧客トランザクションには数値型（Number）と文字列型（Text）しかないので、日付型（Date）の項目属性を追加し、全てのデータタイプを取り扱うよう変更します。

【1】顧客トランザクションを開きます
　　KBエクスプローラーのツリーから Root Module ＞ Kokyaku を開きます。

【2】以下の項目属性を追加します。

名前	タイプ	デスクリプション
KokyakuStartDate	Date	顧客取引開始日

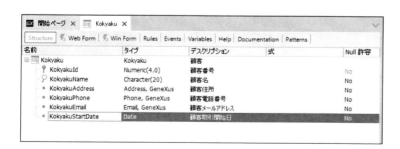

◆Excelインポート処理の定義

　ProcedureオブジェクトをつかってExcelファイルから読み取った顧客データを顧客テーブルにインポートする処理を定義します。

【1】プロシージャを作成します

　ファイル＞新規＞オブジェクト よりProcedureを選択し、名前とデスクリプションを入力して「作成」ボタンを押下します。

　・名前：　Prc_KokyakuExcelImport
　・デスクリプション：　顧客Excelインポート

【2】Variablesエレメントで変数を定義します

以下の変数を定義します。

名前	タイプ	用途
ExcelDocument	ExcelDocument	Excelファイルを取り扱う
i	Numeric(4.0)	関数の戻り値を受け取る
ImportExcelFilePath	VarChar(256)	Excelファイルのパス
RowNumber	Numeric(16.0)	行カウンタ

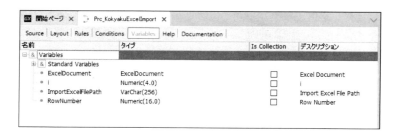

【3】Rulesエレメントでルールを定義します

Excelファイルのパスを受け取れるようにします。

```
Parm(In:&ImportExcelFilePath);
```

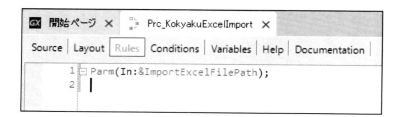

【4】Sourceエレメントで処理手順を定義します

ExcelDocumentデータタイプのOpenメソッドを使用してExcelファイルを開きます。

```
//Excelファイルを開く
&i = &ExcelDocument.Open(&ImportExcelFilePath)
```

ExcelDocumentデータタイプのSelectSheetメソッドを使用して、読み取るシートを指定します。

```
//シートを選択
&ExcelDocument.SelectSheet("Sheet1")
```

　顧客データは1件1行で登録されていることとします。ExcelDocumentデータタイプの
Cellsメソッドは、行番号と列番号を受け渡すことで、そのセルの値を取得します。今回は、
処理する行番号を表す変数に1ずつ加算して、その行の顧客番号に値が存在している間、処理
を繰り返すこととします。

```
//Excelファイルのレコードを読み取り
&RowNumber = 1
Do while &ExcelDocument.Cells(&RowNumber,1).Number > 0

    &RowNumber += 1
EndDo
```

　Newコマンドを使用して読み取った値を顧客テーブルに登録します。Excelファイルから読
み取る値のデータタイプごとに、数値型（Number）、文字列型（Text）、日付型（Date）のい
ずれかをCellsメソッドで指定します。

```
//顧客のデータを作成
New
    KokyakuId = &ExcelDocument.Cells(&RowNumber,1).Number
    KokyakuName = &ExcelDocument.Cells(&RowNumber,2).Text
    KokyakuAddress = &ExcelDocument.Cells(&RowNumber,3).Text
    KokyakuPhone = &ExcelDocument.Cells(&RowNumber,4).Text
    KokyakuEmail = &ExcelDocument.Cells(&RowNumber,5).Text
    KokyakuStartDate = &ExcelDocument.Cells(&RowNumber,6).Date
EndNew
```

　Newコマンドは1つの物理テーブルに対して1件のデータを登録します。この例ではターゲッ
トテーブルを明記してませんが、顧客テーブルに登録されます。取扱項目すべてを含むテーブ
ルをGeneXusが自動的に特定するためです。
　今回、重複データのチェックは実装していません。Newコマンドの詳細はGeneXus Wikiを
参照してください。

ExcelDocumentデータタイプのCloseメソッドを使用してExcelファイルを閉じ、Excelインポート処理を終了します。

```
//Excelファイルを閉じる
&i = &ExcelDocument.Close()
```

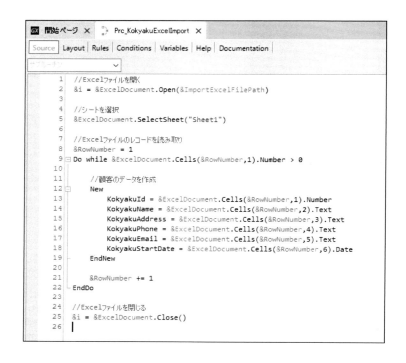

◆顧客Excelインポートプロシージャ呼び出し画面の作成

Web Panelオブジェクトで定義します。

【1】Webパネルを作成します

ファイル＞新規＞オブジェクト よりWeb Panelを選択し、名前とデスクリプションを入力して「作成」ボタンを押下します。

・名前： WP_KokyakuExcelImport
・デスクリプション： 顧客Excelインポート

【2】Variablesエレメントで変数を定義します

以下の変数を定義します。

名前	タイプ
ImportExcelFileBlob	Blob

Blobデータタイプを使用することで、ファイル選択ボタンを表示できるようになります。

【3】Web Formエレメントを編集します

ツールボックスからテーブルコントロールを3行1列で配置します。

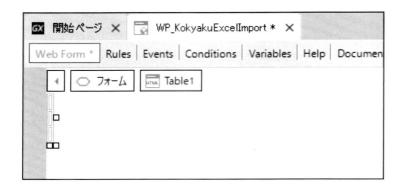

ツールボックスからエラービューアコントロールを配置します。ツールボックスから項目属性/変数コントロールを配置し、変数&ImportExcelFileBlobを選択します。ボタンコントロールを配置します。

ボタンコントロールのプロパティを以下のように変更します。

Control Name	ButtonImport
On Click Event	'ButtonImport'
Caption	インポート

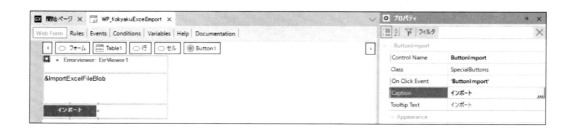

【4】Eventsエレメントで処理手順を定義します

「インポート」ボタンの右クリックメニューからイベントへ移動を選択するとEventsエレメントが開き、ButtonImportイベントの領域が作られるので、ButtonImportイベント内に以下の通り定義します。

画面のファイル選択ボタンを押すとファイルを選択できます。選択されたファイルの情報をBlobデータタイプの変数に格納します。インポートボタン押下時にファイルが選択されたかどうかを判断し、ファイルが選択されていない場合は、ファイル選択を促すメッセージを表示します。ファイルが選択されている場合は、インポート処理を行うプロシージャを呼び出します。

```
If &ImportExcelFileBlob.IsEmpty()

    Msg("インポートするファイルを選択してください。")

Else

    Prc_KokyakuExcelImport.Call(&ImportExcelFileBlob)
    Msg("インポート処理を実行しました。")

Endif
```

◆アプリケーションの実行

顧客テーブルに顧客Excelのデータがインポートされることを確認します。

【1】Excelファイルを準備します

インポートする顧客データが登録されたExcelファイルを準備します。

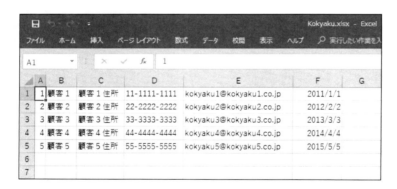

【2】ビルド＞開発者メニューを実行 を行います

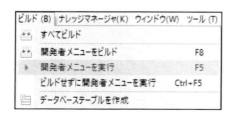

【3】「データベースの再編成が必要です。」画面が表示されるので、「再編成」ボタンを押下します

【4】開発者メニューが開いたら、顧客Excelインポート画面を開きます

【5】「参照」ボタンを押下してExcelファイルを選択し、「開く」ボタンを押下します
「参照」ボタン（blobデータタイプ）は、ブラウザによって表現がことなります。

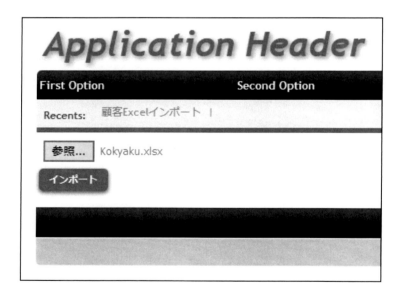

【6】「インポート」ボタンを押下し、処理を実行したことを示すメッセージを確認します

【7】顧客トランザクションで登録結果を確認します

顧客を開くと、Excelファイルの顧客データが登録されたことが確認できます。

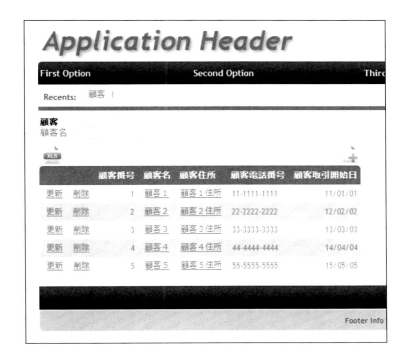

3-2-5　Excelエクスポート編

【キーワード】 ExcelDocumentデータタイプ

本項では、Excelエクスポートを紹介します。

今回は、顧客トランザクションを使用して顧客データをExcelファイルにエクスポートします。

Excelファイルの読み取りとデータ登録を行うプロシージャを作成し、Webパネルから呼び出します。Excelファイルの取り扱いにはExcelDocumentデータタイプを使用します。

◆顧客トランザクションの変更

「3-2-4 Excelインポート編」を実施済みの場合、この手順は不要です。Excelデータを読み書きする場合、項目ごとに数値型（Number）、文字列型（Text）、日付型（Date）のいずれかをExcelDocumentデータタイプのCellsメソッドで指定します。顧客トランザクションには数値型（Number）と文字列型（Text）しかないので、日付型（Date）の項目属性を追加し、全てのデータタイプを取り扱うよう変更します。

【1】顧客トランザクションを開きます

KBエクスプローラーのツリーからRoot Module＞Kokyakuを開きます。

【2】以下の項目属性を追加します。

名前	タイプ	デスクリプション
KokyakuStartDate	Date	顧客取引開始日

◆Excelエクスポート処理の定義

　Procedureオブジェクトを使って顧客データをExcelファイルにエクスポートする処理を定義します。

【1】プロシージャを作成します

　ファイル＞新規＞オブジェクト よりProcedureを選択し、名前とデスクリプションを入力して「作成」ボタンを押下します。

　・名前：　Prc_KokyakuExcelExport
　・デスクリプション：　顧客Excelエクスポート

【2】Variablesエレメントで変数を定義します

以下の変数を定義します。

名前	タイプ	用途
ExcelDocument	ExcelDocument	Excelファイルを取り扱う
ExportExcelFilePath	VarChar(256)	Excelファイルのパス
i	Numeric(4.0)	関数の戻り値を受け取る
RowNumber	Numeric(16.0)	行カウンタ

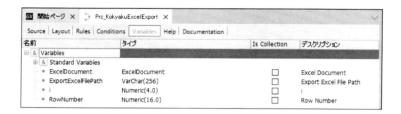

【3】Sourceエレメントで処理手順を定義します

　今回は、あらかじめレイアウトを用意したExcelファイル（Excelテンプレート）にデータをエクスポートすることとします。Excelテンプレートに罫線や背景色などを準備しておくと、レポートや印刷などの利用に便利です。また、Excelテンプレートはマクロが入っていても構いません。

　ExcelDocumentデータタイプのTemplateプロパティを使用してExcelテンプレートを指定します。

```
//Excelのテンプレートを指定
&ExcelDocument.Template = "C:\Temp\顧客リストテンプレート.xlsx"
```

　ExcelDocumentデータタイプのAutoFitプロパティを使用して、Excelの列幅を自動調節させます。

```
//列幅の自動調節を設定
&ExcelDocument.AutoFit = True
```

ExcelDocumentデータタイプのOpenメソッドを使用して、Excelファイルを開きます。Openメソッドは、指定したファイルが無い場合Excelファイルを新規作成して開きます。

```
//Excelファイルを作成して開く
&ExcelDocument.Open("C:¥Temp¥KokyakuExport.xlsx")
```

今回利用するExcelテンプレートは、3行目から顧客データを書き出すようにしますので、行番号を扱う変数に書き込み開始行の番号を代入します。

```
//書き込み開始行を設定
&RowNumber = 3
```

顧客データを1件につき1行ずつExcelファイルに書き出します。そのため、顧客データを1件読み取るごとに、行カウンタ変数&RowNumberを1ずつ加算します。

```
//顧客データを読み取り
For Each
    Order KokyakuId

    //次の書き込み行を設定
    &RowNumber += 1
EndFor
```

このFor Each文内で、ExcelDocumentデータタイプのCellsメソッドを使用して顧客データをExcelファイルに書き込みます。Cellsメソッドに行番号と列番号を受け渡すことで、該当セルを操作できます。Cellsメソッドは、Excelファイルへ書き込む値のデータタイプごとに、数値型（Number）、文字列型（Text）、日付型（Date）のいずれかを指定する必要があります。

今回利用するExcelテンプレートでは、2列目から顧客データを書き出すようにしますので、Cellsメソッドの列番号パラメータに、2列目以降の書き込み列の番号を受け渡します。

```
&ExcelDocument.Cells(&RowNumber,2).Number = KokyakuId
&ExcelDocument.Cells(&RowNumber,3).Bold = True //太字を設定
&ExcelDocument.Cells(&RowNumber,3).Color = 32 //文字色を設定
&ExcelDocument.Cells(&RowNumber,3).Text = KokyakuName.Trim()
&ExcelDocument.Cells(&RowNumber,4).Text =
KokyakuAddress.Trim()
&ExcelDocument.Cells(&RowNumber,5).Text = KokyakuPhone.Trim()
&ExcelDocument.Cells(&RowNumber,6).Text = KokyakuEmail.Trim()
&ExcelDocument.Cells(&RowNumber,7).Date = KokyakuStartDate
```

3列目（&RowNumber,3）について、データタイプ以外に太字「Bold」や文字色「Color」を指定しています。プロパティ「Color」で指定する数字は、Excelのカラーインデックス番号を使用します。このように、フォントスタイルを指定可能です。

ExcelDocumentデータタイプのCloseメソッドを使用してExcelファイルを閉じ、Excelエクスポート処理を終了します。

```
//Excelファイルを閉じる
&i = &ExcelDocument.Close()
```

◆Excelエクスポート処理呼び出し用画面の作成

Web Panelオブジェクトで定義します。

【1】Webパネルを作成します

ファイル＞新規＞オブジェクト よりWeb Panelを選択し、名前とデスクリプションを入力して「作成」ボタンを押下します。

・名前： WP_KokyakuExcelImport
・デスクリプション： 顧客Excelエクスポート

【2】Web Formエレメントを開いて、実行画面のレイアウトを作成します

ツールボックスからテーブルコントロールを2行1列で配置します。

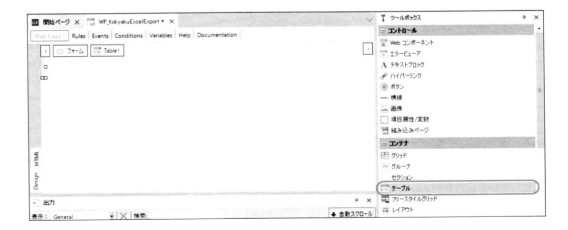

ツールボックスからエラービューアコントロールとボタンコントロールを配置します。

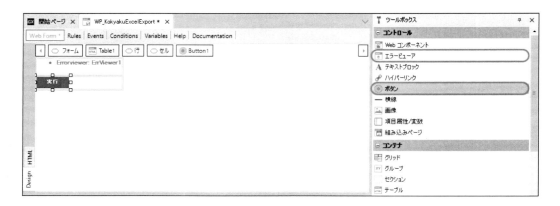

ボタンコントロールのプロパティを以下のように変更します。

Control Name	ButtonExport
On Click Event	'ButtonExport'
Caption	エクスポート

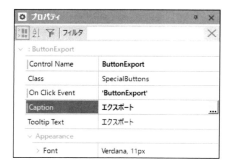

【4】Eventsエレメントで処理手順を定義します

「エクスポート」ボタンの右クリックメニューからイベントへ移動を選択するとEventsエレメントが開き、ButtonExportイベントの領域が作られるので、ButtonExportイベント内に以下の通り定義します。

```
Prc_KokyakuExcelExport.Call()
Msg("エクスポート処理を実行しました。")
```

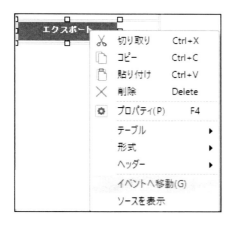

◆アプリケーションの実行

トランザクションに登録されたデータがExcelファイルにエクスポートされているか確認します。

【1】Excelテンプレートを準備します

Excelテンプレートを「顧客リストテンプレート.xlsx」というファイル名で、「C:\Temp」に置きます。

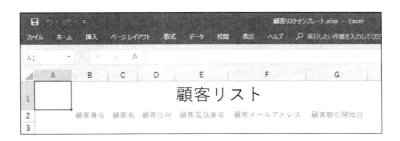

【2】ビルド＞開発者メニューを実行 を行います

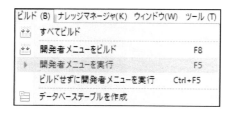

【3】「データベースの再編成が必要です。」画面が表示された場合は、「再編成」ボタンを押下します

【4】顧客Excelエクスポート画面を開きます

【5】エクスポートボタンを押下します

処理を実行したことを示すメッセージを確認します。

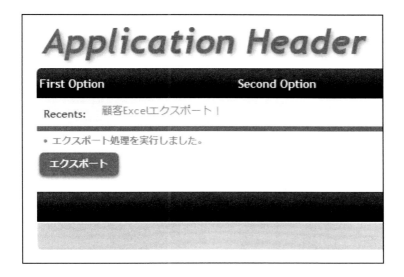

【6】エクスポート結果を確認します

「C:￥Temp」に作成されたExcelファイル「KokyakuExport.xlsx」を開いてください。顧客トランザクションに登録されている顧客データがExcelファイルへエクスポートされたことを確認します。

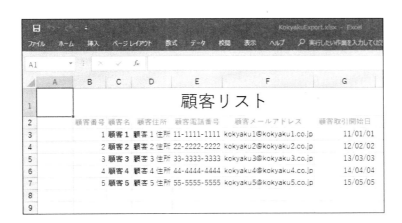

3-2-6 添付ファイル編

【キーワード】blob,Directory, File,HttpRequest, FromImage, StrSearchRev, Lower, Substr, Length, ToString, Padl, Trim, Link, Popup, Udp

　本項では、ファイルの添付処理とダウンロード処理、ダウンロードファイルの表示や処理ダイアログ表示を紹介します。

　添付ファイルは、画像やテキストなど形式を特定しないものとします。どのようなファイル形式でも扱えるようにするため、入力域が必要です。このような入力域を実現するために、GeneXusではBlobデータタイプを使用します。

　今回は、アップロードしたファイルをサーバー上の特定の場所に保存することとします。このようなファイル操作を行うためにFileデータタイプを使用します。添付ファイル機能を追加する前提として、受注トランザクションに対して、受注番号採番機能と受注一覧画面を加えます。

◆採番トランザクションの作成

　トランザクションに新しくデータを作成したい場合、キー項目に対して、そのデータ内にまだ存在しない一意な値を設定する必要があります。今回は、キー項目の現在番号を格納するトランザクションを作成し、この値を元にキー項目を採番する処理を作成します。

【1】ファイル＞新規＞オブジェクト より Transaction を選択し、名前とデスクリプションを入力して「作成」ボタンを押下します

・名前： Saiban
・デスクリプション： 採番

【2】必要な項目を Structure エレメントで定義します

設定	名前	タイプ	デスクリプション
主キー	SaibanTranName	VarChar(40)	採番トランザクション名
名称項目属性	SaibanStartNumber	Numeric(4.0)	採番開始番号
---	SaibanCurrentNumber	Numeric(4.0)	採番現在番号
---	SaibanMaxNumber	Numeric(4.0)	採番最大番号

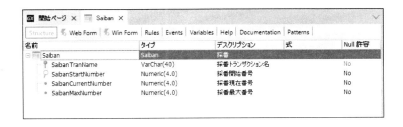

◆採番プロシージャの作成

　対象トランザクションに格納しているキー項目の現在番号を元に、次のキー項目値を採番するProcedureオブジェクトを作成します。

【1】プロシージャを作成します

　ファイル＞新規＞オブジェクト よりProcedureを選択し、名前とデスクリプションを入力して「作成」ボタンを押下します。

　・名前：　Prc_Saiban
　・デスクリプション：　採番

【2】必要な変数をVariablesエレメントで定義します

名前	タイプ	デスクリプション
SaibanCurrentNumber	Attribute:SaibanCurrentNumber	採番現在番号
SaibanTranName	Attribute:SaibanTranName	採番トランザクション名

【3】必要なパラメータをRulesエレメントで定義します

　入力パラメータを使用して採番対象のトランザクション名と予約変数であるトランザクションモードを受け取り、出力パラメータで採番結果の番号を受け渡します。

```
Parm(
    In:&SaibanTranName,
    In:&Mode,
    Out:&SaibanCurrentNumber
    );
```

```
GX 開始ページ  ×      Prc_Saiban  ×

Source | Layout | Rules | Conditions | Variables | Help | Documentation

1   Parm(
2       In:&SaibanTranName,
3       In:&Mode,
4       Out:&SaibanCurrentNumber
5       );
6
```

【4】処理手順をSourceエレメントで以下の通り定義します

　入力パラメータで受け取った予約変数&Modeは、ドメイン「Trnmode」でトランザクションの処理モードを判断できます。今回は、トランザクションモードがInsertである場合のみ処理を行います。

```
//トランザクションモードがInsertである場合のみ処理を行う
If &Mode = Trnmode.Insert

EndIf
```

　上記If文の中で、採番データの読み取り処理と更新処理を記述します。採番データの読み取り処理は以下の通りです。

```
//採番現在番号の更新
For Each
    Where SaibanTranName = &SaibanTranName //入力されたトランザクション名の行を更新

EndFor
```

第3章　GeneXus ドリル　199

上記For Each文の中で、採番現在番号を更新します。

上記For Each文の中で、採番データの更新処理を記述します。採番現在番号に1を加算して更新します。採番現在番号が採番最大番号に達している場合は採番開始番号と同じ値に更新します。

```
If SaibanCurrentNumber = SaibanMaxNumber

    //現在番号が最大番号に達している場合、開始番号にリセットして更新
    SaibanCurrentNumber = SaibanStartNumber

Else

    //現在番号に1を加算して更新
    SaibanCurrentNumber += 1

Endif
```

上記If文の直後で、更新した採番現在番号を出力パラメータに受け渡します。

```
//更新した現在番号を出力
&SaibanCurrentNumber = SaibanCurrentNumber
```

200 | 第3章 GeneXus ドリル

◆受注添付ファイルトランザクションの作成

受注データに添付ファイルを格納するTransactionオブジェクトを作成します。

【1】トランザクションを作成します

ファイル＞新規＞オブジェクト よりTransactionを選択し、名前とデスクリプションを入力して「作成」ボタンを押下します。

・名前： JuchuAttachment
・デスクリプション： 受注添付ファイル

【2】必要な項目をStructureエレメントで以下の通り定義します

複数のファイルを添付可能とするため「添付ファイル受注番号」「添付ファイル番号」の二つを、主キーに設定します。主キーに設定するには、項目を右クリックして「主キーを設定・解除」を選択します。同様に右クリックにて「添付ファイル名」を名称項目属性に設定します。名称項目属性に設定するには、項目を右クリックして「名称項目属性を設定・解除」を選択します。

設定	名前	タイプ	デスクリプション
主キー	AttachmentJuchuID	Numeric(4.0)	添付ファイル受注番号
主キー	AttachmentId	Numeric(4.0)	添付ファイル番号
名称項目属性	AttachmentFileName	VarChar(40)	添付ファイル名
---	AttachmentSaveName	VarChar(40)	添付ファイル保管名

「添付ファイル保管名」は、サーバー上の保管先フォルダに添付ファイルを置くときに使用するファイル名です。添付ファイルにどのような名称のファイルが添付されるか分かりませんが、すでに同じ名称のファイルが保管先フォルダに存在していた場合、ファイルを上書きしてしまいます。そのため、添付ファイルを保管先フォルダに置くときには、名称が重複しない一意なファイル名へと変更します。

◆添付ファイル追加プロシージャの作成

受注添付ファイルトランザクションに添付ファイルの情報を追加するProcedureオブジェクトを作成します。

【1】プロシージャを作成します

ファイル＞新規＞オブジェクト よりProcedureを選択し、名前とデスクリプションを入力して「作成」ボタンを押下します。

・名前： Prc_AttachmentInsert
・デスクリプション： 添付ファイル追加

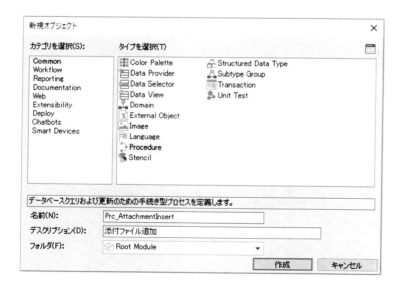

【2】必要な変数をVariablesエレメントで定義します

名前	タイプ	デスクリプション
AttachmentFileName	Attribute:AttachmentFileName	添付ファイル名
AttachmentId	Attribute:AttachmentId	添付ファイル番号
AttachmentJuchuID	Attribute:AttachmentJuchuID	添付ファイル受注番号
AttachmentSaveName	Attribute:AttachmentSaveName	添付ファイル保管名

【3】必要なパラメータをRulesエレメントで定義します

受注添付ファイルトランザクションへ格納する値を、入力パラメータを使用して受け取ります。

```
Parm(
    In:&AttachmentJuchuId,
    In:&AttachmentId,
    In:&AttachmentFileName,
    In:&AttachmentSaveName
    );
```

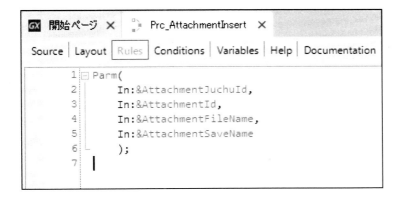

【4】処理手順をSourceエレメントで以下の通り定義します

　Newコマンドを使用して、受注添付ファイルトランザクションへ添付ファイルの情報を追加します。

```
New
    AttachmentJuchuId = &AttachmentJuchuId
    AttachmentId = &AttachmentId
    AttachmentFileName = &AttachmentFileName
    AttachmentSaveName = &AttachmentSaveName
EndNew
```

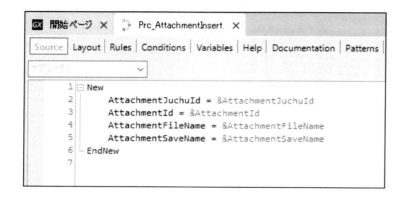

◆添付ファイル削除プロシージャの作成

　受注添付ファイルトランザクションの添付ファイルの情報と添付ファイルを削除するProcedureオブジェクトを作成します。

【1】プロシージャを作成します

　ファイル＞新規＞オブジェクト よりProcedureを選択し、名前とデスクリプションを入力して「作成」ボタンを押下します。

・名前：　Prc_AttachmentDelete
・デスクリプション：　添付ファイル削除

【2】必要な変数をVariablesエレメントで定義します

名前	タイプ	デスクリプション
AttachmentId	Attribute:AttachmentId	添付ファイル番号
AttachmentJuchuID	Attribute:AttachmentJuchuID	添付ファイル受注番号
File	File	File
SavePath	VarChar(256)	Save Path
TempPath	VarChar(256)	Temp Path

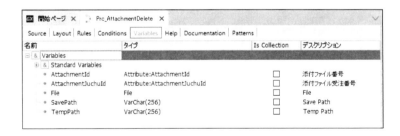

第3章　GeneXusドリル　205

【3】必要なパラメータをRulesエレメントで定義します

受注添付ファイルトランザクションから削除するデータのキー項目値を、入力パラメータを使用して受け取ります。

```
Parm(
    In:&AttachmentJuchuId,
    In:&AttachmentId
    );
```

【4】処理手順をSourceエレメントで以下の通り定義します

今回は、ローカルPC（Windows/Tomcat）をサーバーとみなし、ローカルPCのフォルダを添付ファイル保管先として指定します。

```
//添付ファイル保管先を指定
&SavePath = "C:\Attachment\"
```

サーブレットコンテナとして使用しているTomcat内の対応するアプリケーションフォルダ内の一時フォルダを指定します。このパスは、環境やナレッジベース名によって変化します。

```
//サーブレットコンテナ上の一時フォルダを指定
&TempPath = "C:\Program Files\Apache Software
Foundation\Tomcat
8.0\webapps\JbccAttachmentJavaEnvironment\Attachment\"
```

入力パラメータで受け取ったキー項目の値に対応するデータを読み取ります。第2キーである添付ファイル番号のWhere条件は、値が入っている（ゼロより大きい）場合のみ動作します。

```
//削除対象の受注添付ファイルデータを読み取り
For Each
```

```
Where AttachmentJuchuId = &AttachmentJuchuId
Where AttachmentId = &AttachmentId When &AttachmentId > 0
```

```
EndFor
```

上記 For Each 文の中で、File データタイプに対し保管先に置かれた添付ファイルを指定し、削除メソッドを実行します。

```
//添付ファイル保管先の添付ファイルを削除
&File.Source = &SavePath + AttachmentSaveName
&File.Delete()
```

さらに、File データタイプに対し一時フォルダに置かれた添付ファイルを指定し、削除メソッドを実行します。

```
//サーブレットコンテナ上の一時フォルダの添付ファイルを削除
&File.Source = &TempPath + AttachmentFileName
&File.Delete()
```

最後に、入力パラメータで受け取ったキー項目の値に対応するデータを削除します。

```
//受注添付ファイルデータを削除
Delete
```

第3章　GeneXus ドリル　　207

◆添付ファイル画面の作成

　Webパネルオブジェクトで、受注データに添付ファイルを追加、表示、削除する画面を作成します。

【1】Webパネルを作成します。

　ファイル＞新規＞オブジェクト よりWeb Panelを選択し、名前とデスクリプションを入力して「作成」ボタンを押下します。

　・名前：　WP_Attachment
　・デスクリプション：　添付ファイル

【2】必要な変数をVariablesエレメントで定義します

以下の変数を定義します。

名前	タイプ	用途
ActionDelete	Image	削除
AttachmentFileName	Attribute:AttachmentFileName	添付ファイル名
AttachmentId	Attribute:AttachmentId	添付ファイル番号
AttachmentSaveName	Attribute:AttachmentSaveName	添付ファイル保管名
Blob	Blob	添付ファイルを選択
Directory	Directory	Directory
Extension	VarChar(40)	拡張子
File	File	File
HttpRequest	HttpRequest	Http Request
Link	VarChar(256)	Link
MaxAttachmentId	Attribute:AttachmentId	最大添付ファイル番号
SaveFilePath	VarChar(256)	Save FilePath
SavePath	VarChar(256)	Save Path
ServerPort	Numeric(8.0)	Server Port
TempPath	VarChar(256)	Temp Path
UrlPath	VarChar(256)	Url Path

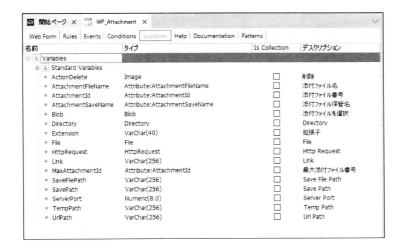

【3】画面レイアウトをWeb Formエレメントで定義します

　ツールボックスからコントロール「項目属性／変数」をドラッグ＆ドロップして、変数「Blob」を選択して「OK」を押下します。&Blob変数は、添付ファイル選択域として使用します。

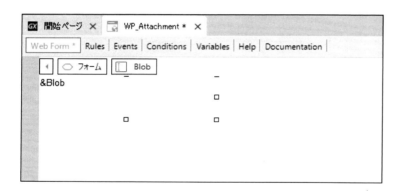

　ツールボックスから「ボタン」をドラッグ＆ドロップします。
「ボタン」のプロパティ「Caption」に「追加」、プロパティ「On Click Event」に「'ButtonInsert'」を設定します。

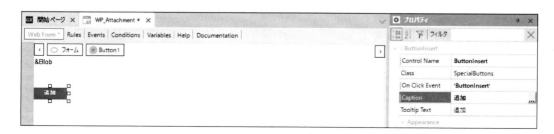

ツールボックスから「グリッド」をドラッグ＆ドロップし、「&ActionDelete」「AttachmentId」「AttachmentFileName」「AttachmentSaveName」の順で Ctrl キーを押しながら選択し「OK」ボタンを押下します。「列を調整」画面にて項目の順番を確認し、「閉じる」ボタンを押下します。

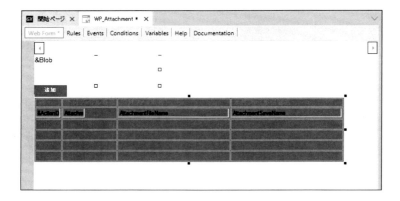

グリッドのプロパティ「Order」に「AttachmentId」を設定します。

1列目の「&ActionDelete」のプロパティ「On Click Event」に「'ActionDelete'」を設定します。

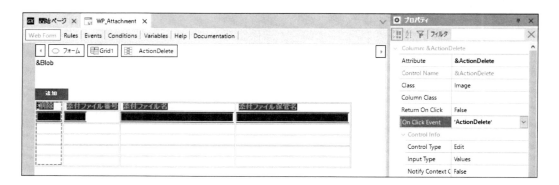

3列目の「AttachmentFileName」のプロパティ「On Click Event」に
「'AttachmentFileName'」を設定します。

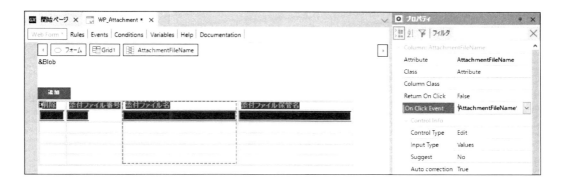

【4】必要なパラメータとルールをRulesエレメントで定義します

受注トランザクションの処理モードと、ファイルを添付する受注データのキー項目を、入力パラメータを使用して受け取ります。さらに、受注トランザクションが表示モードの場合は、一部のコントロールを非表示にします。

```
Parm(In:&Mode,In:AttachmentJuchuId);

&Blob.Visible = False If &Mode = Trnmode.Display;
ButtonInsert.Visible = False If &Mode = Trnmode.Display;
&ActionDelete.Visible = False If &Mode = Trnmode.Display;
```

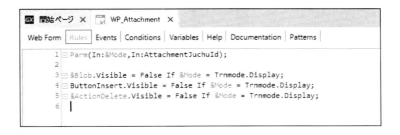

【5】Eventsエレメントで処理手順を定義します

① 添付ファイルリストの表示処理

　Eventsエレメントを開き、コンボボックスから「Load」を選択しLoadイベントの記述域を追加します。

```
Event Load

EndEvent
```

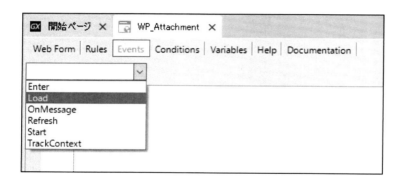

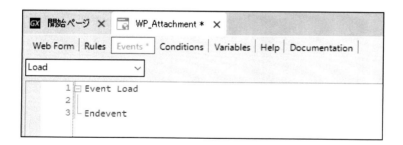

　Loadイベントは、グリッドを表示する際にそれぞれの行に対して実行されます。&ActionDeleteの列に行削除アイコンを表示するため、FromImageメソッドを使用して以下の処理を追加します。

```
//行削除アイコン画像のセット
&ActionDelete.FromImage(ActionDelete)
```

　FromImageメソッドは、Image型コントロールに対しナレッジベースに登録された画像の名前を受け渡すことで、その画像を表示します。ナレッジベースに登録された画像は、KBエクスプローラーのツリーで、カスタマイズ>画像 を開いて確認します。

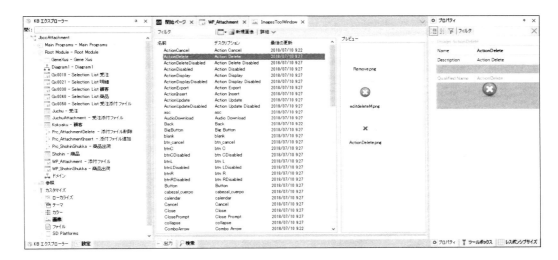

　最大の添付ファイル番号を取得するために、以下の処理を追加します。グリッドのプロパティ「Order」に「AttachmentId」を設定したので、グリッドの行は添付ファイル番号の昇順で表示されます。行毎（Load毎）に添付ファイル番号を変数に入れるため、最終的に最後（最大）の添付ファイル番号が変数に入ります。

```
//最大添付ファイル番号を取得
&MaxAttachmentId = AttachmentId
```

② 「追加」ボタン押下時の処理を定義

　Web Formエレメントを開き、「追加」ボタンを右クリックメニューから「イベントへ移動」を選択するとEventsエレメントが開き、ButtonInsertイベントの領域が作られます。

```
Event 'ButtonInsert'

EndEvent
```

```
GX 開始ページ  ×      WP_Attachment *  ×

Web Form | Rules | Events * | Conditions | Variables | Help | Documentation |

'ButtonInsert'                        ∨

 1 ⊟ Event Load //明細行ごとの処理
 2
 3        //行削除アイコン画像のセット
 4        &ActionDelete.FromImage(ActionDelete)
 5
 6        //最大添付ファイル番号を取得
 7        &MaxAttachmentId = AttachmentId
 8
 9   └ Endevent
10
11 ⊟ Event 'ButtonInsert'
12        |
13   └ Endevent
```

受注添付ファイルトランザクションへ添付ファイルデータを追加する値を準備します。

添付ファイルが選択済みの場合のみ処理するため、以下のIf文を追加します。以降の処理は
このIf文の中に記述します。

```
If &Blob.FileName <> "" //添付ファイルが選択されている場合

EndIf
```

現在の最大添付ファイル番号に1を加え添付ファイル番号を取得します。

```
//添付ファイル番号を取得
&AttachmentId = &MaxAttachmentId + 1
```

選択したファイルのファイル名を、変数&Blobの要素「FileName」から取得します。

```
//添付ファイル名を取得
&AttachmentFileName = &Blob.FileName
```

同名のファイルによる上書きを防ぐため、名称が重複しない一意な添付ファイル保管名にしま
す。今回は、受注添付ファイルトランザクションのキー項目の値を文字列に変換して添付ファ
イル保管名とします。

```
//添付ファイル保管名を取得
&DotPosition = StrSearchRev(&AttachmentFileName,".")
&Extension = Lower(Substr(&AttachmentFileName,&DotPosition,
```

第3章　GeneXusドリル ｜ 217

```
&AttachmentFileName.Length()))
    &AttachmentSaveName =
Padl(AttachmentJuchuId.ToString().Trim(),4,"0") +
Padl(&AttachmentId.ToString().Trim(),4,"0") + &Extension
```

　1行目では、ファイル名から拡張子を取得するため、ファイル名に含まれる「.」の位置を取得します。

　2行目では、ファイル名の「.」以降を切り出して英小文字に変換し、拡張子を取得します。

　3行目では、追加する受注添付ファイルトランザクションのキー項目である受注番号と添付ファイル番号を4桁でゼロ埋めした文字列に変換して結合し、最後に拡張子を加えて添付ファイル保管名とします。

　添付ファイル追加プロシージャを呼び出します。

```
//添付ファイルデータを追加
Prc_AttachmentInsert.Call(AttachmentJuchuId,&AttachmentId,
&AttachmentFileName,&AttachmentSaveName)
```

　以上の処理で、受注添付ファイルトランザクションへデータを追加しました。

　続いて、選択された添付ファイルをサーバー上の添付ファイル保管先フォルダに置く処理を定義します。添付ファイル保管先フォルダを指定します。

```
//添付ファイル保管先を指定
&SavePath = "C:\Attachment\"
```

　Directoryデータタイプの変数を使用して、添付ファイル保管先フォルダを作成します。フォルダが存在していない場合は、フォルダが作成されます。

```
//添付ファイル保管先を作成
&Directory.Source = &SavePath
&Directory.Create()
```

　選択された添付ファイルを保管先フォルダへ置きます。Blobデータタイプの変数に格納されている添付ファイルをFileデータタイプの変数に受け渡した後、保管先フォルダへコピーします。Blobデータタイプでファイルを画面から取得し、Fileデータタイプでファイルを操作します。

```
//添付ファイルを添付ファイル保管先へ保管
&SaveFilePath = &SavePath + &AttachmentSaveName
&File.Source = &Blob
```

```
&File.Copy(&SaveFilePath)
```

画面を再表示し、追加された添付ファイル名を表示します。

```
//画面を再表示
Refresh
```

③ 行削除アイコンクリック時の処理を定義

Web Formエレメントを開き、行削除アイコン（&ActionDelete）を右クリックメニューから「イベントへ移動」を選択するとEventsエレメントが開き、ActionDeleteイベントの領域が作られます。

```
Event 'ActionDelete'

EndEvent
```

添付ファイル削除プロシージャを呼び出します。

```
//添付ファイルデータを削除
Prc_AttachmentDelete.Call(AttachmentJuchuId,AttachmentId)
```

行削除に伴い、削除前に取得した最大添付ファイル番号が無効になるためクリアします。

```
//最大添付ファイル番号をクリア
&MaxAttachmentId = 0
```

画面を再表示し、残っている添付ファイル名のみ表示します。

```
//画面を再表示
Refresh
```

④ 添付ファイル名クリック時の処理を定義

添付ファイル名をクリックすることで、添付されたファイルを表示、取得します。

Web Formエレメントを開き、添付ファイル名（AttachmentFileName）を右クリックメニューから「イベントへ移動」を選択するとEventsエレメントが開き、AttachmentFileNameイベントの領域が作られます。

```
Event 'AttachmentFileName'

EndEvent
```

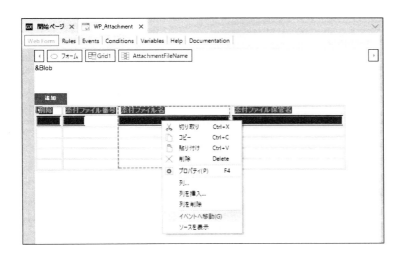

第3章　GeneXusドリル　221

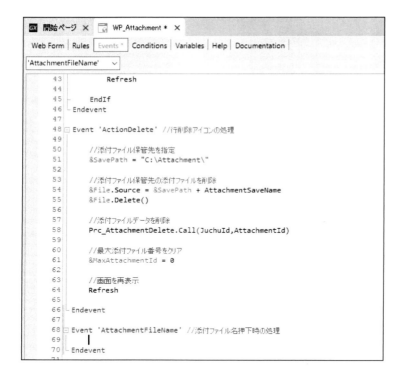

添付ファイル保管先フォルダを指定します。

```
//添付ファイル保管先を指定
&SavePath = "C:\Attachment\"
```

サーブレットコンテナ上の一時フォルダを指定します。

```
//サーブレットコンテナ上の一時フォルダを指定
&TempPath = "C:\Program Files\Apache Software Foundation\Tomcat 8.0\webapps\JbccAttachmentJavaEnvironment\Attachment\"
```

添付ファイルを置いた一時フォルダへ、ネットワークを介してブラウザからアクセスできるURLを指定します。このURLは、環境やナレッジベース名によって変化します。

```
//サーブレットコンテナ上の一時フォルダへアクセスできるURLを指定
&ServerPort = &HttpRequest.ServerPort
&UrlPath = "http://" + &HttpRequest.ServerHost.Trim() + ":" + &ServerPort.ToString().Trim() + "/JbccAttachmentJavaEnvironment/Attachment/"
```

保管された添付ファイルをFileデータタイプの変数に受け渡した後、元の添付ファイル名で一時フォルダへコピーします。

```
//添付ファイルを添付ファイル保管先からサーブレットコンテナ上の一時フォルダへコピー
&File.Source = &SavePath + AttachmentSaveName
&File.Copy(&TempPath + AttachmentFileName)
```

先ほどのURLに元の添付ファイル名を加えて、LinkコマンドでURLを実行します。

```
//サーブレットコンテナ上の一時フォルダ上の添付ファイルへアクセスできるURLを作成して実行
&Link = &UrlPath + AttachmentFileName
Link(&Link)
```

◆受注トランザクションの変更

　受注トランザクションに「添付ファイル」ボタンを置き、添付ファイルWebパネルを呼び出します。同時に、採番プロシージャと受注一覧画面を追加します。

【1】受注トランザクションを開きます
　KBエクスプローラーのツリーから、Juchuを開きます。

【2】Structureエレメントで項目属性のプロパティを変更します
　受注番号の自動採番をやめるため、項目属性「JuchuId」のプロパティ「Autonumber」を「False」に設定します。

【3】ルールをRulesエレメントで定義します

受注番号の自動採番をやめるため、受注番号に関する以下のルールをコメント化し、採番プロシージャで採番した値を使用するため、受注データ追加時には受注番号を入力不可にします。

```
//NoAccept(JuchuId);

//受注データ追加時にも受注番号を入力不可にする
NoAccept(JuchuId) If &JuchuId.IsEmpty();
```

受注データ追加時にDefaultルールを使用し、採番プロシージャで採番した値を受注番号に受け渡します。

```
//受注データ追加時に受注番号を採番する
Default(JuchuId,Prc_Saiban.Udp("Juchu",&Mode));
```

受注データ削除後に添付ファイル削除プロシージャを使用し、添付ファイルを削除します。

```
//受注データ削除後に受注添付ファイルを削除する
Prc_AttachmentDelete.Call(JuchuId,0) on AfterDelete;
```

第3章　GeneXusドリル　225

【4】画面レイアウトをWeb Formエレメントで変更します

エラービューアの辺りで右クリックメニューから テーブル＞行を挿入 を選択します。

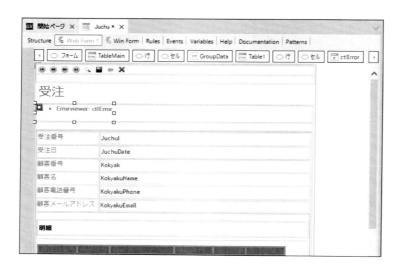

ツールボックスより、ボタンを追加された行にドラッグ＆ドロップします。ボタンのプロパティを開き、プロパティ「On Click Event」に「'ButtonAttachment'」、プロパティ「Caption」に「添付ファイル」を設定します。

【5】「添付ファイル」ボタンから添付ファイル画面を呼び出します
「添付ファイル」ボタンの右クリックメニューから「イベントへ移動」を選択するとEventsエレメントが開き、ButtonAttachmentイベントの領域が作られます。

```
Event 'ButtonAttachment'

EndEvent
```

第3章　GeneXusドリル　｜　227

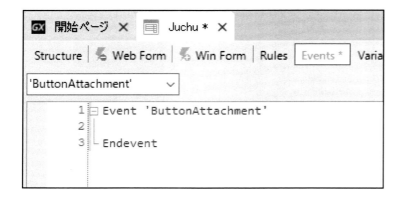

　Popupメソッドを使用して、添付ファイルボタンから添付ファイル画面をポップアップ画面として呼び出します。

```
WP_Attachment.Popup(&Mode,JuchuId)
```

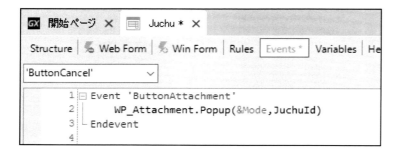

【6】画面レイアウトをWeb Formエレメントで変更します

「終了」ボタンのプロパティ「On Click Event」に「'ButtonCancel'」を設定します。

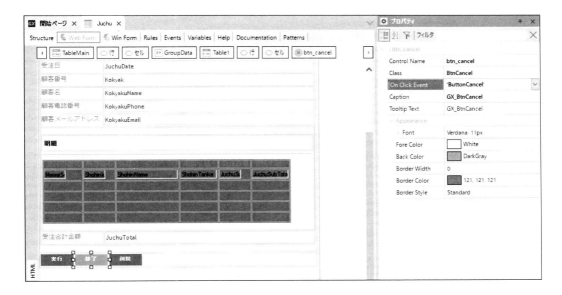

画面上部の終了アイコン（緑色の矢印）のプロパティ「On Click Event」に「'ButtonCancel'」を設定します。

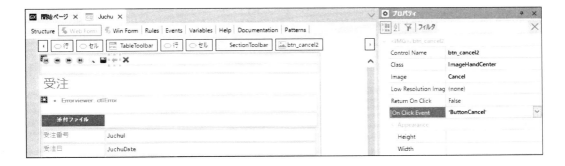

【7】「終了」ボタン押下時の処理を記述します

「終了」ボタンの右クリックメニューから「イベントへ移動」を選択するとEventsエレメントが開き、ButtonCancelイベントの領域が作られます。

```
Event 'ButtonCancel'

EndEvent
```

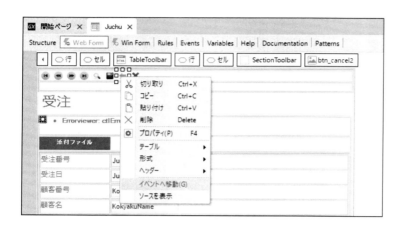

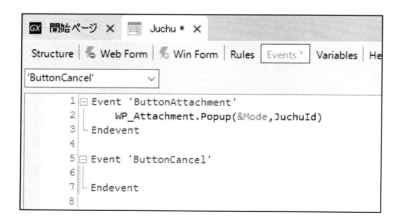

トランザクションモードがInsertの場合、添付ファイル削除プロシージャを使用し、添付ファイルを削除（掃除）します。

```
If &Mode = Trnmode.Insert
    //添付ファイルデータを削除
    Prc_AttachmentDelete.Call(JuchuId,0)
EndIf
```

Returnコマンドを使用して画面を閉じます。

```
//画面を閉じる
Return
```

【8】 Patternsエレメントを開き、「Work With for Web」タブの「保存時にこのパターンを適用」をチェックして保存します

WorkWithパターンを適用すると、一覧画面だけでなく、表示画面も作成されます。この表示画面にも、「添付ファイル」ボタンを追加します。

WorkWithパターンのツリー内に表示画面定義である「View（受注 Information）」階層があります。表示画面上のボタン定義は、この中の「Actions」という階層で定義します。

「Actions」で右クリックメニューの 追加＞Action を選択します。

232　第 3 章　GeneXus ドリル

追加したActionに対し、以下のプロパティを設定します。

プロパティ	値
Name	Attachment
Caption	添付ファイル
Button Class	SpecialButtons
Custom Code	WP_Attachment.Popup(Trnmode.Display,JuchuId)

◆アプリケーションの実行

受注データ登録画面から添付ファイル画面を起動し、添付ファイルを追加、表示・取得、削除します。

【1】サーブレットコンテナ上の一時フォルダを作成します

添付ファイルの動作に必要な一時フォルダを作成します。Tomcat内のアプリケーションフォルダ（今回はC:\Program Files\Apache Software Foundation\Tomcat 8.0\webapps\JbccAttachmentJavaEnvironment）内に、フォルダ「Attachment」を作成します。このフォルダ作成場所は、環境やナレッジベース名によって変化します。

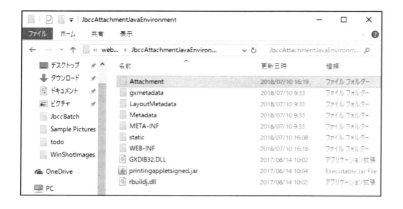

【2】ビルド＞開発者メニューを実行 を行います

「データベースの再編成が必要です。」画面が表示されるので、「再編成」ボタンを押下します。

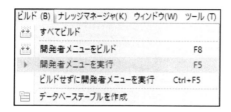

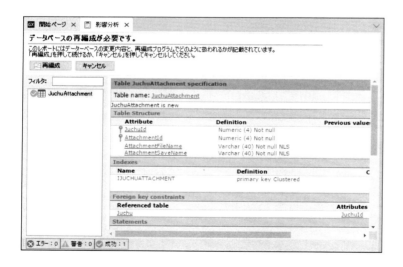

【3】採番画面を開き、以下のデータを追加します

採番トランザクション名	Juchu
採番開始番号	1
採番現在番号	0
採番最大番号	9999

【4】受注一覧画面を開きます

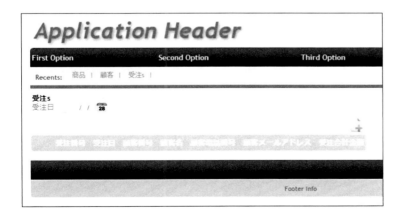

【5】追加アイコンをクリックし、受注入力画面を開きます

採番された受注番号が表示されていることを確認します。

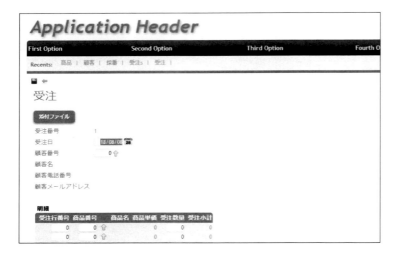

【6】「添付ファイル」ボタンを押下し、添付ファイル画面がポップアップされます

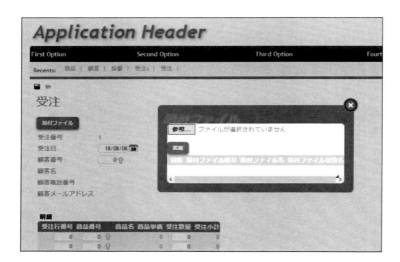

【7】添付ファイルを追加します

「参照」ボタンを押下し、添付するファイル（今回は画像ファイル）を選択して「開く」ボタンを押下します。

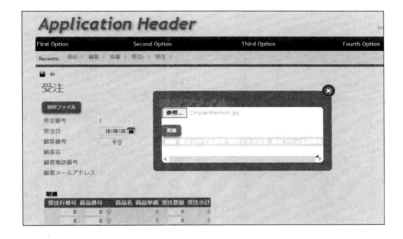

「参照」ボタンの名前は、ブラウザによって異なります。

「追加」ボタンを押下し、添付ファイルリストに添付ファイル名を表示します。

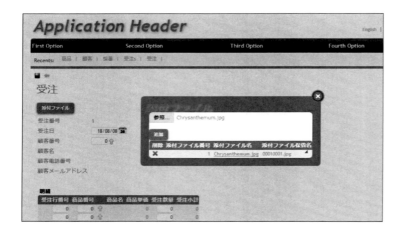

添付ファイル格納先フォルダ（今回はC:\Attachment）を開き、添付したファイルが置かれていることを確認します。

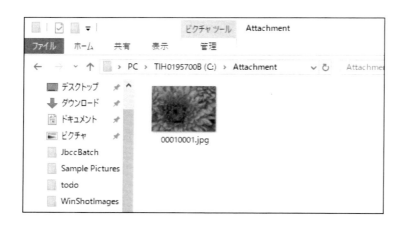

添付ファイル画面右上の「×」ボタンを押下し、添付ファイル画面を閉じます。

【8】任意の受注データを入力し、「実行」ボタンを押下します

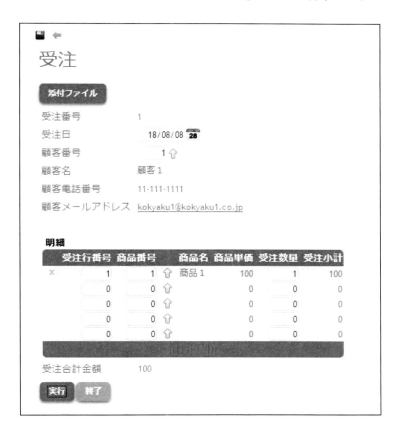

【9】受注一覧画面に、登録した受注データが表示されます

行の左端の「更新」リンクをクリックします。

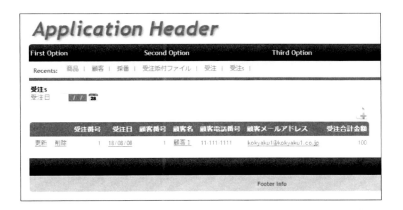

【１０】受注入力画面を開き、「添付ファイル」ボタンを押下します

　添付ファイル画面を開き、その受注に対し追加した添付ファイルの一覧を表示します。

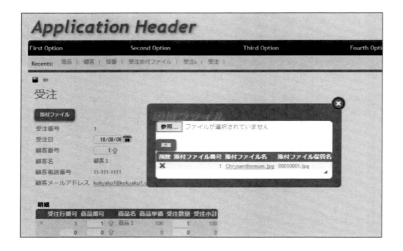

【１１】添付ファイルを開きます

　添付ファイル名をクリックし、添付ファイルを開きます。

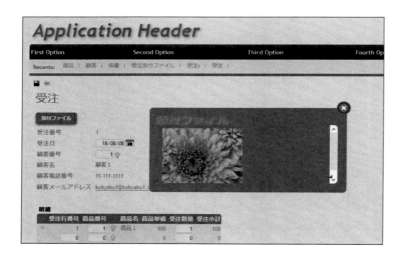

　ブラウザの「戻る」ボタンで、添付ファイルの一覧へ戻ります。

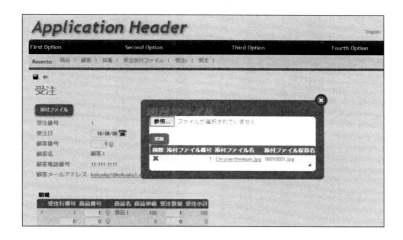

【12】画像以外のファイルを添付します

「参照」ボタンと「追加」ボタンを使用し、画像以外のファイルを添付します。

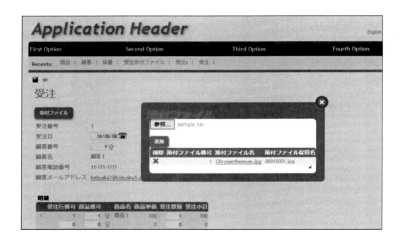

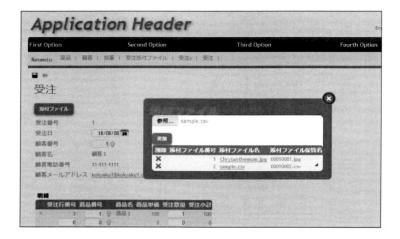

　添付ファイルリストに表示されている添付ファイル名をクリックし、添付ファイルの取得を確認します。ファイル取得時の動作は、ブラウザによって異なります。

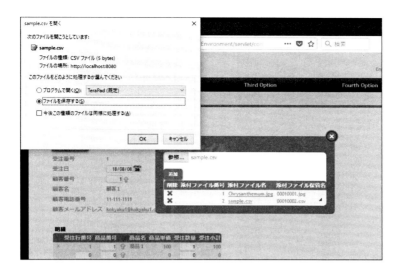

【13】添付ファイルを削除します

添付ファイルリストの左端にある削除アイコンをクリックし、添付ファイルを削除します。

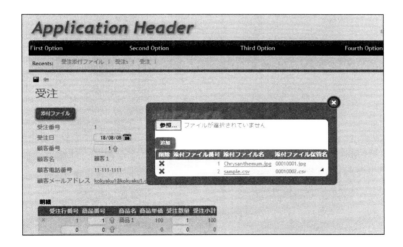

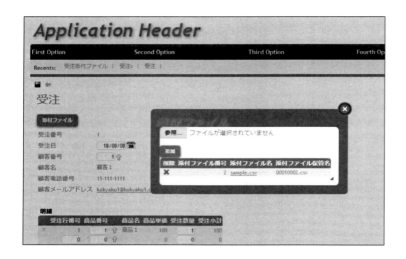

　添付ファイル格納先フォルダ（今回はC:\Attachment）を開き、指定した添付ファイルが削除されていることを確認します。

　添付ファイル画面右上の「×」ボタンを押下し、添付ファイル画面を閉じます。
「終了」ボタンを押下し、受注データ入力画面を閉じます。

【14】受注データの表示画面を確認します

受注一覧画面に表示された受注データの受注日をクリックし、受注データの表示画面を開きます。

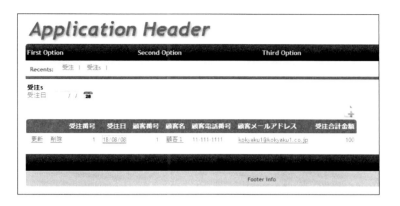

「添付ファイル」ボタンを押下し、添付ファイルの表示画面を確認します。

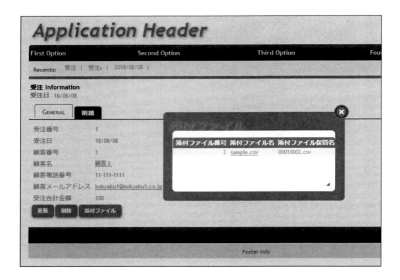

3-2-7　バッチ開発と呼び出し方編

【キーワード】Java, .bat, Call, Submit

　本項では、バッチ処理の開発と呼び出し方法を紹介します。入出力画面を持たないアプリケーションであるバッチ処理は、Procedureオブジェクトを使用して作成します。今回は、商品出荷プロシージャを使用します。作成したプロシージャは、GeneXusのオブジェクトから呼び出したり、ビルドしたオブジェクト（.classを想定）をコマンドで呼び出して使用可能です。本項ではGeneXusのオブジェクトからプロシージャを呼び出す方法2種類とバッチ（.bat）から呼び出す方法を紹介します。

◆GeneXusのオブジェクトからのプロシージャ呼び出し

　GeneXusのオブジェクトからプロシージャを呼び出すには、CallメソッドかSubmitメソッドを使用します。

　呼び出したプロシージャの終了を待つ必要がある場合は、Callメソッドを使用します。同期呼び出しと呼びます。

　呼び出したプロシージャの終了を待たずに後続処理を行う場合は、Submitメソッドを使用します。非同期呼び出しと呼びます。

　プロシージャは、プロパティに設定したり、ルールや式項目、あるいはコンディションなど、様々な箇所から呼び出すことが可能です。今回は画面のボタンを押下したときにプロシージャを呼び出す処理を作成します。

◆バッチ呼び出し画面の作成

　Web Panelオブジェクトで定義します。商品出荷プロシージャを同期呼び出しします。

【1】Webパネルを作成します
　ファイル＞新規＞オブジェクト よりWeb Panelを選択し、名前とデスクリプションを入力して「作成」ボタンを押します。
　・名前：　WP_BatchCall
　・デスクリプション：　バッチ呼び出し

【2】必要な変数をVariablesエレメントで定義します

以下の変数を定義します。

名前	タイプ	デスクリプション
Message	VarChar(40)	メッセージ
ShohinId	Attribute:ShohinId	商品番号
ShohinShukkaSu	Numeric(4.0)	商品出荷数量

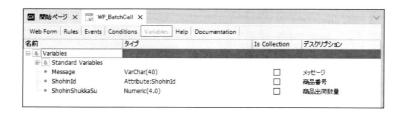

【3】画面レイアウトをWeb Formエレメントで定義します

　変数「&ShohinId」「&ShohinShukkaSu」の入力域を配置します。Variablesエレメントで変数「&ShohinId」「&ShohinShukkaSu」を選択し、Web Formエレメントへドラッグアンドドロップで配置します。

ツールボックスより、ボタンコントロールを2つ配置します。最初のボタンコントロールのプロパティを以下のように変更します。

Control Name	ButtonCall
On Click Event	'Button Call'
Caption	同期呼び出し(Call)

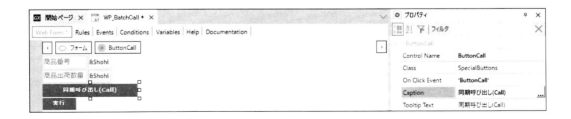

次のボタンコントロールのプロパティを以下のように変更します。非同期呼び出しの処理をこのあと作成するために、あらかじめ2つのボタンを配置しています。

Control Name	ButtonSubmit
On Click Event	'Button Submit'
Caption	非同期呼び出し(Submit)

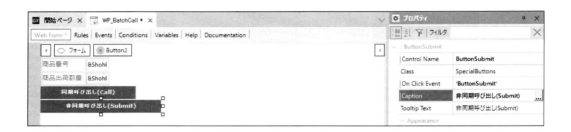

【4】同期呼び出し処理をEventsエレメントで定義します

Web Formエレメントに置いた「同期呼び出し(Call)」ボタンをダブルクリックします。すると、Eventsエレメントが開き、ButtonCallイベントの領域が作られるので、ButtonCallのイベント内に以下の通り定義します。

```
&Message = ""
```

商品出荷プロシージャからの戻り値を受け取る変数&Messageの値を空にしています。&Message.SetEmpty()としても同じ動作です。

次に、Callメソッドを使用して商品出荷プロシージャを同期呼び出しします。商品出荷プロシージャのCallには入力パラメータとして商品番号と商品出荷数、出力パラメータとして処理結果のメッセージを定義します。

```
Prc_ShohinShukka.Call(&ShohinId,&ShohinShukkaSu,&Message)
```

Msg関数を使用して、処理結果のメッセージを画面表示させます。

```
Msg("戻り値:" + &Message)
```

◆バッチ処理呼び出し画面の変更

　商品出荷プロシージャの非同期呼び出しを追加します。

【1】非同期呼び出し処理をEventsエレメントで定義します

　Web Formエレメントに置いた「非同期呼び出し(Submit)」ボタンをダブルクリックします。すると、Eventsエレメントが開き、ButtonSubmitイベントの領域が作られるので、ButtonSubmitのイベント内に以下の通り定義します。

```
    &Message = ""
```

　商品出荷プロシージャからの戻り値を受け取る変数&Messageの値を空にします。&Message.SetEmpty()としても同じ動作です。

　次に、Submitメソッドを使用して商品出荷プロシージャを非同期呼び出しします。Submitメソッドの第1パラメータは、iSeriesアプリケーション用のパラメータとなっています。iSeriesアプリケーションとはIBM汎用機（System i）上で稼働するプログラムのことです。詳細には触れませんが、GeneXusではiSeriesアプリケーションを部品として利用可能です。今回iSeriesアプリケーションは使用しませんのでブランク（""）を受け渡します。

　第2パラメータ以降に、商品出荷プロシージャのパラメータ（商品番号、商品出荷数、メッセージ）を設定します。

```
    Prc_ShohinShukka.Submit("",&ShohinId,&ShohinShukkaSu,&Message)
```

　ここで注意が必要なのは、非同期呼び出しでは呼び出し元のWebパネルが商品出荷プロシージャの処理が終わるのを待たないため、プロシージャの処理結果を受け取ることができないことです。今回、出力パラメータ&Messageには処理結果がセットされません。

　Msg関数を使用して処理結果のメッセージを実行画面に表示させますが、戻り値が入らないので「戻り値：」の後にはなにも表示されないことになります。

```
        Msg("戻り値:" + &Message)
```

```
 1  Event 'ButtonCall'
 2      &Message = ""
 3
 4      Prc_ShohinShukka.Call(&ShohinId,&ShohinShukkaSu,&Message)
 5
 6      Msg("戻り値:" + &Message)
 7  Endevent
 8
 9  Event 'ButtonSubmit'
10      &Message = ""
11
12      Prc_ShohinShukka.Submit("",&ShohinId,&ShohinShukkaSu,&Message)
13
14      Msg("戻り値:" + &Message)
15  Endevent
16
```

◆商品出荷プロシージャの変更

　商品出荷プロシージャを呼び出す際に呼び出されたことを分かりやすくするため、商品出荷プロシージャを変更します。変更内容は、処理開始と終了のタイミングで実行画面にメッセージを出す処理と、処理終了までに数秒以上の時間がかかるようにする処理の追加です。

【1】商品出荷プロシージャを開きます

　KBエクスプローラーのツリーから Root Module ＞ Prc_ShohinShukka を開きます。

【2】必要な変数をVariablesエレメントで追加します

名前	タイプ
i	Numeric(4.0)

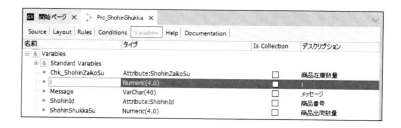

252　　第3章　GeneXusドリル

【3】バッチ処理開始終了を知らせる処理をEventsエレメントで追加します

```
Msg("バッチ処理を開始しました。")
```

プロシージャ開始のタイミングでメッセージを表示させます。

```
&i = Sleep(3)
```

プロシージャが動作したことを分かりやすくするために、処理を3秒待機します。Sleep関数は、プログラム実行中に特定の秒数間、一時停止する関数です。

```
Msg("バッチ処理を終了しました。")
```

プロシージャ終了のタイミングでメッセージを表示させます。

```
 1  Msg("バッチ処理を開始しました。")
 2
 3  &i = Sleep(3)
 4
 5  For each
 6      where ShohinId = &ShohinId
 7
 8      &Chk_ShohinZaikoSu = ShohinZaikoSu - &ShohinShukkaSu
 9      ShohinZaikoSu = &Chk_ShohinZaikoSu
10  Endfor
11
12  If &Chk_ShohinZaikoSu < 0
13      &Message = !'在庫が足りません'
14      Rollback
15  Else
16      Commit
17      &Message = !'出荷完了'
18  Endif
19
20  Msg("バッチ処理を終了しました。")
21
```

第3章　GeneXusドリル　253

◆アプリケーションの実行

プロシージャを同期呼び出ししたときと非同期呼び出しした時の動作を確認します。

【1】ビルド＞開発者メニューを実行 を行います

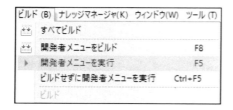

【2】商品トランザクションでデータを登録します

　開発者メニューが開いたら、まず商品トランザクションを使用して、任意の商品のデータを登録します。ここで登録した商品在庫数量が、商品出荷プロシージャの処理によって変化することになります。

【3】バッチ呼び出し画面を開きます

【4】同期呼び出しを行います

　バッチ呼び出し画面で任意の商品番号と商品出荷数量を入力してから、「同期呼び出し(Call)」ボタンを押下します。

処理が実行されてメッセージが表示されます。このときに、メッセージが表示されるまでに3秒以上の時間がかかることが分かります。メッセージにて、商品出荷プロシージャが呼び出されて処理を行ったこと、処理結果の戻り値が受け取れたことを確認します。

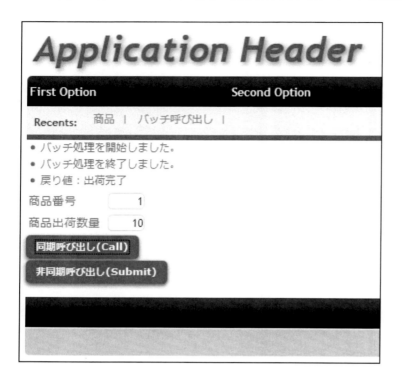

【5】商品トランザクションで在庫数量を確認します

商品トランザクションで確認します。商品在庫数量が、バッチ呼び出し画面で指定した商品出荷数量の分だけ減少していることが確認できます。

【6】非同期呼び出しを行います

バッチ呼び出し画面で任意の商品番号と商品出荷数量を入力してから、「非同期呼び出し(Submit)」ボタンを押下します。

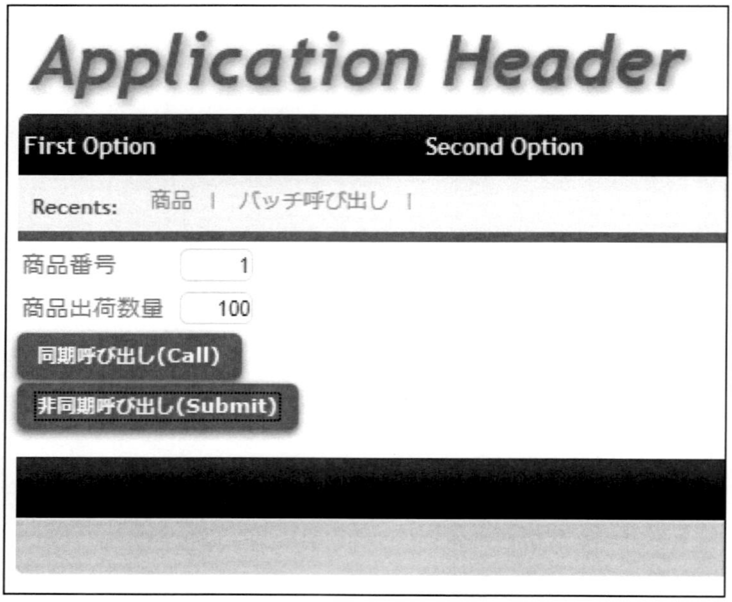

Application Header

| First Option | Second Option |

Recents: 商品 ｜ バッチ呼び出し ｜

商品番号　　　　　　1

商品出荷数量　　100

同期呼び出し(Call)

非同期呼び出し(Submit)

処理を実行して3秒待たずすぐにメッセージが表示されます。これは、非同期呼び出しを行ったためです。また、処理の終了を待たないので処理結果を受け取ることができません。メッセージにて、商品出荷プロシージャの開始終了メッセージが表示されないこと、処理結果の戻り値が受け取れていないことを確認します。

【7】商品トランザクションで在庫数量を確認します

　商品トランザクションで確認します。商品在庫数量が、バッチ呼び出し画面で指定した商品出荷数量の分だけ減少していることが確認できます。メッセージは受け取れていませんでしたが、処理としては完了しています。

◆Javaコマンドによるプロシージャ呼び出し

ProcedureオブジェクトでAで作成したバッチ処理をGeneXus以外からコマンドで呼び出すことが可能です。今回は、ビルドで生成されたプロシージャ（.class）の呼び出し方法を紹介します。

【1】商品出荷プロシージャのプロパティを変更します

コマンドを使用してアプリケーションを実行したい場合、ビルド前にプロパティを設定します。商品出荷プロシージャのプロパティを変更します。KBエクスプローラーのツリーから Root Module＞WP_ShohinShukka を選択してプロパティを開き、以下の値へ変更します。

プロパティ	値
Main program	True

【2】商品出荷プロシージャを変更します

コマンドから商品出荷プロシージャを呼び出す際に呼び出されたことを分かりやすくするため、商品出荷プロシージャを変更します。変更により、コマンドを発行するコマンドプロンプトに、このプロシージャが出力するメッセージが表示されるようにします。

商品出荷プロシージャを開きますKBエクスプローラーのツリーから Root Module＞WP_ShohinShukka を開きます。Eventsエレメントで処理記述を追加します。

処理開始のタイミングでメッセージを表示させるようにしたいのですが、Msg関数ではコマンドプロンプトにメッセージを表示できません。ここではJava言語を使用してメッセージを出力する記述を追加します。Java言語を記述するには、行の冒頭にコマンド「Java」を記述して、その後にJava言語を直接記述します。

```
java System.out.println("バッチ処理を開始しました。");
```

コマンドプロンプトに出力パラメータ&Messageを出力するには次のように記述します。Java
言語に変数を受け渡したいときは、変数を [！ ！] で囲います。

```
java System.out.println([!&Message!]);
```

プロシージャの処理終了タイミングでも、Java言語を使用してメッセージを表示させる処理
を追加します。

```
java System.out.println("バッチ処理を終了しました。");
```

```
1   Msg("バッチ処理を開始しました。")
2   java System.out.println("バッチ処理を開始しました。");
3
4   &i = Sleep(3)
5
6 ⊟ For each
7       where ShohinId = &ShohinId
8
9       &Chk_ShohinZaikoSu = ShohinZaikoSu - &ShohinShukkaSu
10      ShohinZaikoSu = &Chk_ShohinZaikoSu
11  Endfor
12
13 ⊟ If &Chk_ShohinZaikoSu < 0
14      &Message = !'在庫が足りません'
15      java System.out.println([!&Message!]);
16      Rollback
17  Else
18      Commit
19      &Message = !'出荷完了'
20      java System.out.println([!&Message!]);
21  Endif
22
23  Msg("バッチ処理を終了しました。")
24  java System.out.println("バッチ処理を終了しました。");
25
```

262 │ 第3章 GeneXus ドリル

◆アプリケーションの実行

変更したプロシージャをビルドします。ビルドで生成されたclassファイルをコマンドで呼び出すことになります。

【1】ビルド＞開発者メニューを実行 を行います

開発者メニューが開いたら、ビルド終了です。

【2】javaコマンドを使用してバッチ処理(.class)を呼び出します

Windowsのコマンドプロンプトにて、javaコマンドからバッチ処理アプリケーションを呼び出します。

Windowsのスタートメニューなどから、コマンドプロンプトを開きます。ターゲット環境のディレクトリーへ移動します。

GeneXusがビルドしたアプリケーションは、「ターゲット環境のディレクトリー」に格納されます。GeneXusのメニューバーから、ツール＞ターゲット環境のディレクトリーを開く で開くことができます。

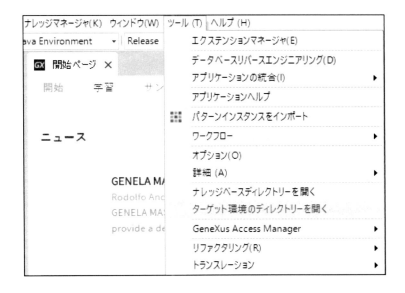

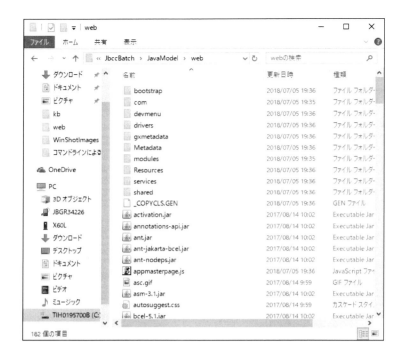

　cdコマンドを使用して、このディレクトリへ移動します。この例では「C:¥Models¥JbccBatch¥JavaModel¥Web」です。ナレッジベースの名前ごとに、ターゲットディレクトリは変化します。

```
cd C:¥Models¥JbccBatch¥JavaModel¥Web
```

【3】javaコマンドを使用して商品出荷プロシージャを呼び出します

javaコマンドには、以下の値を指定する必要があります。
- クラスパス
- パッケージ名
- class名
- 入力パラメータへ受け渡す値

クラスパスには、このバッチ処理アプリケーションを実行する際に必要なclassやJavaアーカイブをすべて指定します。

GeneXusでビルドしたProcedureオブジェクトを実行するには、まず「ターゲット環境のディレクトリー」に存在している「gxclassR.zip」が必要です。

さらに今回のアプリケーションはJDBC接続を使用してデータベースへアクセスしていますので、「ターゲット環境のディレクトリー」内の「drivers」フォルダに存在しているJDBCドライバーが必要です。必要なJDBCドライバーは接続対象のデータベースによって変化しますので、GeneXusのデータストア設定を確認して、必要なJDBCドライバーを使用します。この例では、「jtds-1.2.jar」を使用します。

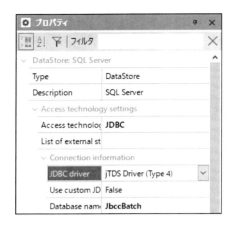

　パッケージ名は、ジェネレーター設定のプロパティJavapackage nameで確認することができます。この例では「com.jbccbatch」です。この値も、ナレッジベースの名前ごとに変化します。

　class名は、今回呼び出すバッチ処理アプリケーションのclassファイルの名前を指定します。アプリケーションは、「ターゲット環境のディレクトリー」内の、パッケージ名と同じフォルダ階層の中にビルドされています。この例では、「ターゲット環境のディレクトリー」内の「com」フォルダ内の「jbccbatch」フォルダの中です。
　ここにある、「a」＋プロシージャ名（すべて英小文字）であるclassファイルが、今回呼び出すclassファイルです。この例では、「aprc_shohinshukka.class」です。

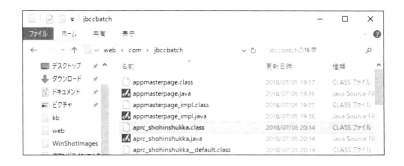

以上の情報を元に、コマンドプロンプトにjavaコマンドを記述します。記述書式は、以下のかたちになります。

```
java -cp クラスパス パッケージ名.class名 入力パラメータへ受け渡す値
```

今回の例では、以下のようにjavaコマンドを記述します。クラスパスはひとつひとつ最後に「;」を付けて列記します。class名には、拡張子は不要です。入力パラメータへ受け渡す値は、スペースで区切って渡します。今回の例では、商品番号へ「1」、商品出荷数量に「200」を指定しています。

```
java -cp gxclassR.zip;drivers¥jtds-1.2.jar;
com.jbccbatch.aprc_shohinshukka 1 200
```

環境によっては、javaコマンドが見つからないようなエラーが発生する可能性もあります。その場合は以下のように、jre内に存在するjavaコマンドの場所を明示的に指定して実行することも可能です。

```
"C:¥Program Files¥Java¥jre1.8.0_171¥bin¥java.exe" -cp
gxclassR.zip;drivers¥jtds-1.2.jar;
com.jbccbatch.aprc_shohinshukka 1 200
```

コマンドを実行すると、バッチ処理が実行されてメッセージが表示されます。メッセージにて、商品出荷プロシージャが呼び出されて処理を行ったことを確認します。

【4】商品トランザクションで商品在庫数量を確認します

　商品在庫数量を、再度商品トランザクションを開いて確認します。商品在庫数量がコマンドで指定した商品出荷数量の分だけ減少していることが確認できます。

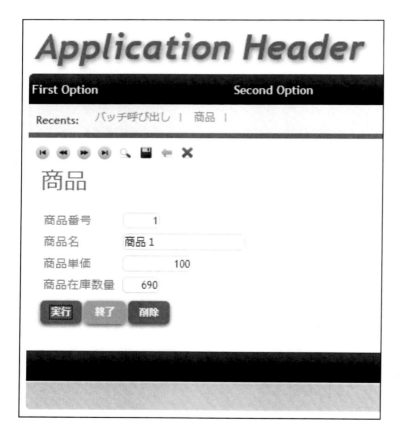

◆バッチファイル(.bat)によるプロシージャ呼び出し

今回は、「ターゲット環境のディレクトリー」に関わらず、任意の場所で任意のプロシージャ（.class）を呼び出す方法を紹介します。

【1】バッチファイルやバッチ処理アプリケーションを格納するフォルダを作成します

この例では、「BatchCall」というフォルダを作成し、その中にフォルダ「app」を作成し、さらにその中にフォルダ「bin」「lib」を作成します。

フォルダ「bin」の中に、パッケージ名と同じフォルダ階層を作成します。この例では、フォルダ「com」の中にフォルダ「jbccbatch」を作成します。このフォルダ名は、ナレッジベースの名前ごとに変化します。

【2】アプリケーションの実行に必要なオブジェクトを格納します

　パッケージ名の最下層のフォルダ（この例では「jbccbatch」）の中に、今回呼び出すバッチ処理アプリケーションのclassファイルをコピーします。アプリケーションは、「ターゲット環境のディレクトリ」内の、パッケージ名と同じフォルダ階層の中にビルドされています。classファイルは、今回呼び出すバッチ処理アプリケーションの名称を含むすべてのclassファイルをコピーします。さらに、ナレッジベースの設定情報を持つファイル「client.cfg」と、それを読み込むための「GXcfg.class」もコピーします。

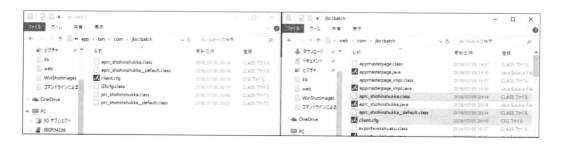

フォルダ「lib」の中に、今回呼び出すバッチ処理アプリケーションを実行する際に必要なJavaアーカイブをすべてコピーします。この例では、「gxclassR.zip」と、それに加えて「jtds-1.2.jar」をコピーします。

【3】バッチファイルを作成します

最初に作成したフォルダ「BatchCall」の中に、バッチファイル「BatchCall.bat」を作成します。

作成したバッチファイルをテキストエディタで開き、以下のとおり記述します。SET EXECUTE_CLASS=の行に記述されたパッケージ名は、ナレッジベースの名前ごとに変化します。入力パラメータへ受け渡す値は、スペースで区切って渡します。今回の例では、商品番号へ「1」、商品出荷数量に「30」を指定しています。

```
SET BAT_PATH=%~dp0

SET CLASS_PATH=%BAT_PATH%app\bin
SET CLASS_PATH=%CLASS_PATH%;%BAT_PATH%app\lib\gxclassR.zip
SET CLASS_PATH=%CLASS_PATH%;%BAT_PATH%app\lib\jtds-1.2.jar

SET EXECUTE_CLASS=com.jbccbatch.aprc_shohinshukka

SET ARGS=1 30

java -cp %CLASS_PATH% %EXECUTE_CLASS% %ARGS%

pause
```

```
BatchCall.bat - メモ帳
ファイル(F)  編集(E)  書式(O)  表示(V)  ヘルプ(H)
SET BAT_PATH=%~dp0

SET CLASS_PATH=%BAT_PATH%app\bin
SET CLASS_PATH=%CLASS_PATH%;%BAT_PATH%app\lib\gxclassR.zip
SET CLASS_PATH=%CLASS_PATH%;%BAT_PATH%app\lib\jtds-1.2.jar

SET EXECUTE_CLASS=com.jbccbatch.aprc_shohinshukka

SET ARGS=1 30

java -cp %CLASS_PATH% %EXECUTE_CLASS% %ARGS%

pause
```

【4】バッチファイルを実行します

　作成したバッチファイルをダブルクリックして実行します。バッチファイルを実行すると、バッチ処理アプリケーションが実行されてメッセージが表示されます。メッセージにて、商品出荷プロシージャが呼び出されて処理を行ったことを確認します。

【5】商品トランザクションで商品在庫数量を確認します

　商品在庫数量を、再度商品トランザクションを開いて確認します。商品在庫数量がコマンドで指定した商品出荷数量の分だけ減少していることが確認できます。

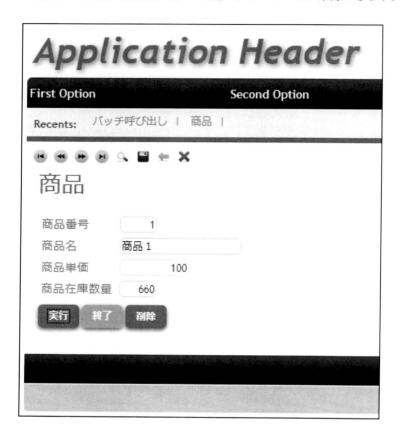

3-2-8　複数DB接続編

【キーワード】 データストア, DBRET, Data View

　本項では、複数のデータベースへ接続し、それらのデータを扱う方法を紹介します。

　例えば、作成するシステムにおいて、主に使用しているデータベースに加えて、マスター等すでに存在する他のデータベースのデータを扱いたい場合があります。このような場合、接続したいデータベースに対するデータストア設定を追加し、データ構造をデータベースリバースエンジニアリングツール（DBRET）を使用してナレッジベースへ取り込みます。

　このとき、扱いたいデータベースはすべて、作成するアプリケーションからアクセスできるネットワーク上に存在している必要があります。

◆データストア設定の追加

　一例として、すでにSQL Server上のデータベースへ接続しているナレッジベースに対して、PostgreSQL上のデータベースへ接続する設定と、DB2 for iSeries上のデータベースへ接続する設定を追加します。結果として3つの異なるデータベースのデータを扱うことが可能になります。IBM汎用機用データベースであるDB2 for iSeriesへの接続を紹介してますが、同様の環境がない方はSQL ServerとPostgreSQLの2つでKB作成を試してください。

　本項では異なるDBMSに対して接続しますが、同一DBMS上の異なるデータベーススキーマへの接続も、同様の方法で実現できます。

　接続したいデータベースそれぞれに対して、データストア設定を追加します。

第3章　GeneXus ドリル　275

【1】表示＞その他のツールウィンドウ＞設定 を開きます

【2】データストア＞新規データストア＞PostgreSQL を選択します

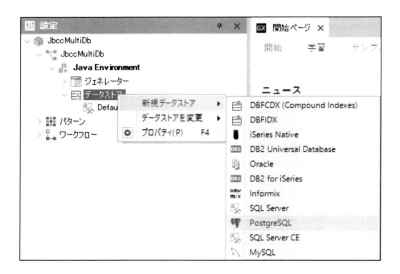

【3】追加するデータストアの名前（この例では「DataStore1」）を入力して、「OK」を押下します

【4】追加された「DataStore1」の「接続を編集」を開きます

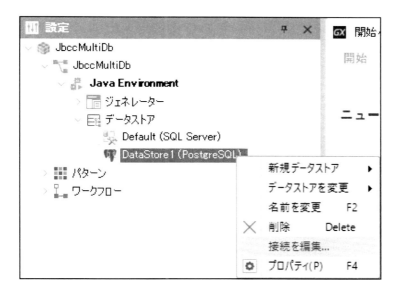

【5】接続したいデータベースへの接続情報を入力します

　既存データベースに接続するため、「データベースを作成」ではなく「接続をテスト」を押下し、正しく接続されていることを確認します。

【6】続いて同様に、もうひとつのデータストアの設定を追加します

データストア＞新規データストア＞DB2 for iSeries を選択します。

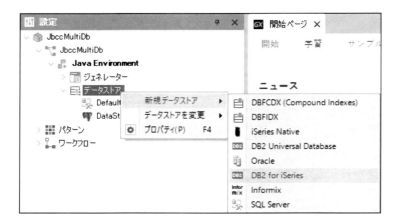

【7】追加するデータストアの名前（この例では「DataStore2」）を入力して、「OK」を押下します

【8】追加された「DataStore2」の「接続を編集」を開きます

【9】接続したいデータベースへの接続情報を入力します

既存データベースに接続するため、「データベースを作成」リンクではなく「接続をテスト」ボタンを押下し、正しく接続されていることを確認します。

【１０】データストア設定の追加を完了すると、これまで使用していたデータストア「Default (SQL Server)」に加えて、「DataStore1 (PostgreSQL)」「DataStore2 (DB2 for iSeries)」の設定が追加されたことが確認できます

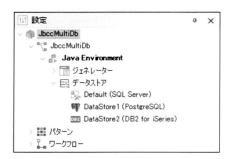

◆DBRETの実行

追加したデータストア内のデータを使用するために、データベースリバースエンジニアリングツール（DBRET）を使用してリバースエンジニアリングを行います。

【１】ツール＞データベースリバースエンジニアリングを選択します

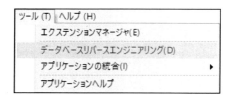

【2】リバースエンジニアリング対象のデータベースへの接続情報を入力します

この例ではまずPostgreSQL上のデータベースへの接続情報を入力します。

「クラスパス」入力域では、接続時に使用するドライバーのパスを指定します。今回の例では、「postgresql-9.1-902.jdbc3.jar」を、以下のように指定しています。
C:¥ Program Files (x86)¥ GeneXus¥ GeneXus16JP¥ gxjava¥ drivers¥ postgresql-9.1-902.jdbc3.jar

【3】「次へ」を押下するとデータベースオブジェクトの選択画面が表示されます

左ペインにてリバースエンジニアリングを行いたいオブジェクトを選択し、「＞」や「＞＞」ボタンを押下して右ペインへ移動します。

選択が完了したら「次へ」ボタンを押下します。

【4】リバースエンジニアリングレポートが表示されます

リバースエンジニアリングによりナレッジベースへ追加されることになるオブジェクトの情報が表示されます。

「終了」ボタンを押下します。

【5】リバースエンジニアリング処理が終了し、ナレッジベースへオブジェクトが追加されます

この例では、PostgreSQL上のデータベースに存在する担当者マスタ（tantosha）の情報が、TransactionオブジェクトやData Viewオブジェクトとして追加されたことが確認できます。

【6】Data Viewのデータストア設定を変更します

追加されたData Viewは、デフォルトデータストアを使用する設定になっています。

これを、本来接続したいデータストアへ変更する必要があります。追加されたData View（この例ではtantosha）のプロパティを開きます。

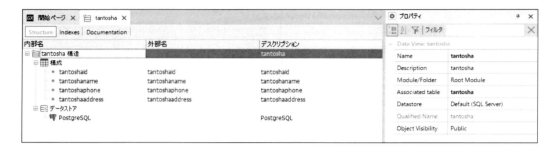

【7】プロパティDatastoreの値を「DataStore1 (PostgreSQL)」に変更します

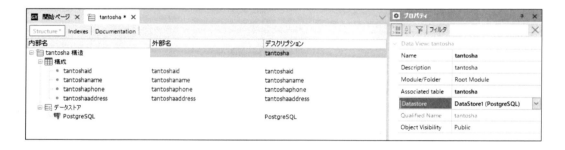

これでひとつめのリバースエンジニアリングが完了しました。

【8】続けて、もうひとつのデータストア（DB2 for iSeries）に対するリバースエンジニアリングを行います

ツール＞データベースリバースエンジニアリング を選択します。

【9】リバースエンジニアリング対象のデータベースへの接続情報を入力します

この例ではDB2 for iSeries上のデータベースへの接続情報を入力します。

「クラスパス」入力域では、接続時に使用するドライバーのパスを指定します。今回の例では、「jt400.jar」を、以下のように指定しています。
C:\ Program Files (x86)\ GeneXus\ GeneXus16JP\ gxjava\ drivers\ jt400.jar

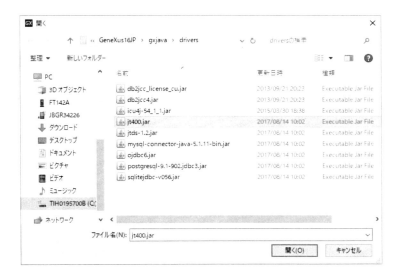

【１０】「次へ」を押下するとデータベースオブジェクトの選択画面が表示されます

左ペインにてリバースエンジニアリングを行いたいオブジェクトを選択し、「＞」や「＞＞」ボタンを押下して右ペインへ移動します。

選択が完了したら「次へ」ボタンを押下します。

【１１】リバースエンジニアリングレポートが表示されます

　リバースエンジニアリングの結果、ナレッジベースへ追加されることになるオブジェクトの情報が表示されます。

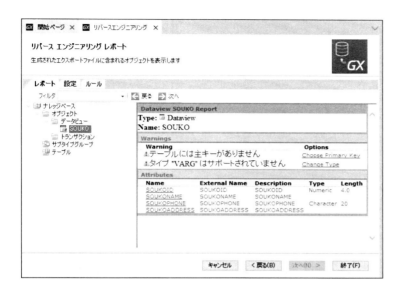

　この例では、いくつかのワーニングも表示されています。リバースエンジニアリング処理を完了させるには、ワーニングを解決する必要があります。「Options」のリンクを押下してワーニングを解決してください。

　テーブルの主キーを選択します。

続いて、「Type」が空欄となっている項目に対して、適切なデータ型を明示的に選択します。

ワーニングを解消したら「終了」ボタンを押下します。

【１２】リバースエンジニアリング処理が終了し、ナレッジベースへオブジェクトが追加されます

　DB2 for iSeries上のデータベースに存在する倉庫マスタ（SOUKO）の情報が、Transactionオブジェクトや Data View オブジェクトとして追加されたことが確認できます。

【13】Data Viewのデータストア設定を変更します

追加されたData Viewは、デフォルトデータストアを使用する設定になっています。これを、本来接続したいデータストアへ変更する必要があります。追加されたData View（この例ではSOUKO）のプロパティを開きます。

【14】プロパティDatastoreの値を「DataStore2 (DB2 for iSeries)」に変更します

リバースエンジニアリングが完了しました。

◆データベースアクセスの確認

追加したデータストアに設定したデータベースへのアクセスが可能になったことを確認します。

【1】ビルド＞開発者メニューを実行 を行います

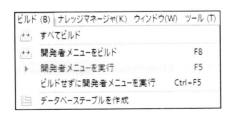

【2】既存データベースへのアクセスであるため、データベーステーブルは変更されないことが通知されます

「続行」ボタンを押下します。

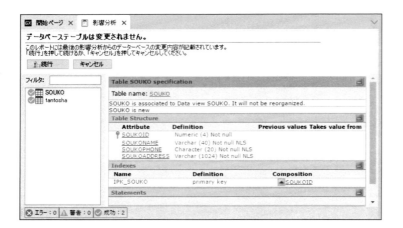

【3】ビルド処理が完了すると、追加したデータストアに設定したデータベースへのアクセスが、アプリケーションから行われていることが確認できます

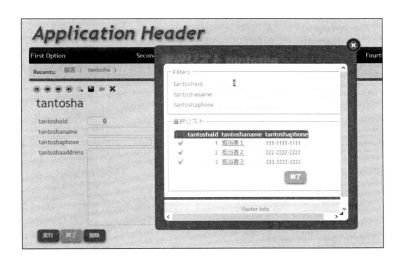

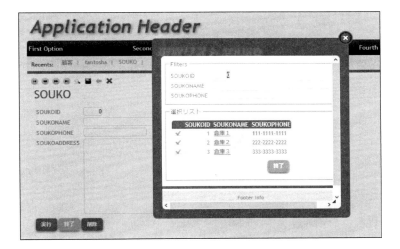

同時に、当初から使用していたデータストア（Default SQL Server）に設定したデータベースへのアクセスも可能であることが分かります。

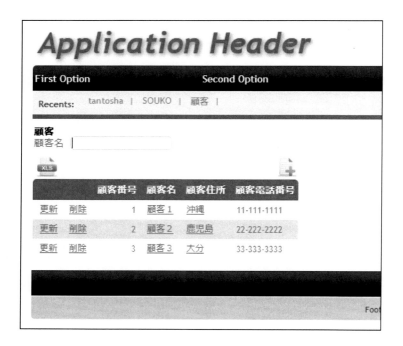

◆複数データベースのデータを同時に扱うアプリケーションの作成

複数のデータストアに設定したそれぞれのデータベースのデータを同時に扱うアプリケーションの例を作成します。特別な操作は必要ありません。どのデータストアのデータを扱うかにかかわらず、通常の開発と全く同様にTransactionオブジェクトや項目属性を利用できます。

◆複数DBデータの表示画面の作成

この例では、ひとつの画面上に3つのDBMS上のデータを表示するアプリケーションを作成します。

【1】Webパネルを作成します

ファイル>新規>オブジェクト よりWeb Panelを選択し、名前とデスクリプションを入力して「作成」ボタンを押下します。

第3章 GeneXusドリル 293

【2】Web Formエレメントを編集します

　グリッドコントロールを使用して、顧客番号と顧客名、担当者番号と担当者名、倉庫番号と倉庫名をそれぞれ表示するグリッドをフォーム上に配置します。

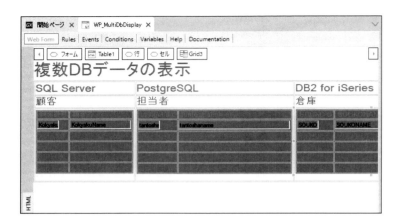

◆複数データベースのデータを同時に扱うアプリケーションの実行

【1】ビルド＞開発者メニューを実行 を行います

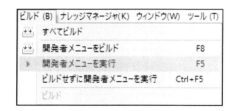

【2】ビルド処理が完了したら、作成したWeb Panelを開きます

　ナレッジベースに設定を作成したすべてのデータベースのデータへのアクセスが、アプリケーションから行われていることが確認できます。

3-2-9　自己参照編

【キーワード】SubtypeGroup

　本項では、自己参照を行うトランザクションの作成方法を紹介します。自己参照とは、データベースが自分自身を参照し親子関係を表現することです。組織や顧客、商品の構成などに応用できます。

　今回は、ある顧客に対する親会社を登録可能にします。顧客も親会社も会社ですから、どちらも顧客トランザクションで管理します。顧客トランザクションの項目に「顧客」の別名「親顧客」を定義し、自己参照関係を作成します。

　自己参照関係を作成するためには、そのトランザクション自身の主キーをStructureエレメントに加える必要がありますが、同じ名前の項目属性を複数置くことはできません。そのため、「Subtype Group」オブジェクトで、参照させたい項目属性に別名を定義します。

◆親顧客サブタイプグループの作成

「Subtype Group」オブジェクトを使用して、顧客トランザクションの項目に別名を定義します。

【1】サブタイプグループを作成します

　ファイル＞新規＞オブジェクト よりSubtype Groupを選択し、名前とデスクリプションを入力して「作成」ボタンを押下します。

　・名前：　SG_OyaKokyaku
　・デスクリプション：　親顧客

【2】必要な項目をGroup Structureエレメントで定義します

サブタイプ	デスクリプション	スーパータイプ
OyaKokyakuId	親顧客番号	KokyakuId
OyaKokyakuName	親顧客名	KokyakuName

参照関係を作成するため、主キー「KokyakuId」に対して、別名「OyaKokyakuId」を定義します。同時に、参照関係を利用して「KokyakuName」を参照するため、別名「OyaKokyakuName」を定義します。

◆顧客トランザクションの変更

「親顧客」サブタイプグループで定義した別名項目を顧客トランザクションに追加して、自己参照関係を定義します。

【1】顧客トランザクションを開きます

KBエクスプローラーのツリーから、Kokyakuを開きます。

【2】別名項目をStructureエレメントに追加します

参照キーである親顧客番号は、初期状態では入力必須項目です。親顧客番号の定義を任意とするため「Null許容」を「Yes」に設定します。

名前	タイプ	デスクリプション	Null許容
OyaKokyakuId	Numeric(4.0)	親顧客番号	Yes
OyaKokyakuName	Charactor(20)	親顧客名	

◆アプリケーションの実行

顧客トランザクションで親顧客番号を登録し表示します。

【1】ビルド＞開発者メニューを実行 を行います

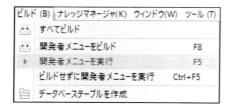

【2】「データベースの再編成が必要です。」画面が表示されるので、「再編成」ボタンを押下します

【3】開発者メニューが開いたら、顧客一覧画面を開きます

一覧画面に「親顧客番号」「親顧客名」の列が追加されています。

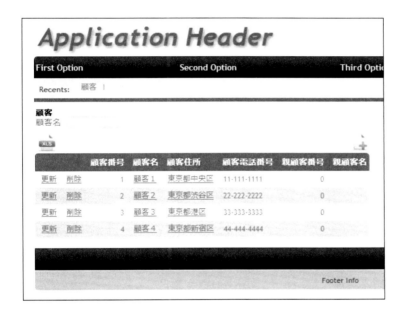

【4】「追加」ボタンを押下し、編集画面を開きます

「顧客番号」「顧客名」などの値を入力欄に記入します。

Application Header

First Option	Second Option

Recents: 顧客 |

顧客

顧客番号	900
顧客名	顧客９００
顧客住所	東京都中央区
顧客電話番号	90-900-9000
顧客メールアドレス	kokyaku900@kokyaku900.co.jp
親顧客番号	0 ⇧
親顧客名	

実行　終了

【5】「親顧客番号」横の「↑」ボタンを押下し、選択画面を開きます

顧客トランザクションが参照されているため、顧客選択画面が開きます。

【6】顧客選択画面で、親会社として設定したい顧客を選択します

　選択した顧客の番号が「親顧客番号」に入力されます。 Tab キーを押下しフォーカスアウトすると、「親顧客番号」に対応する「親顧客名」が表示されます。

Application Header

First Option	Second Option

Recents: 顧客 |

顧客

顧客番号	900
顧客名	顧客９００
顧客住所	東京都中央区
顧客電話番号	90-900-9000
顧客メールアドレス	kokyaku900@kokyaku900.co.jp
親顧客番号	1
親顧客名	顧客1

実行　終了

【7】「実行」ボタンを押下すると、顧客一覧画面に戻ります

　追加した行の「親顧客番号」「親顧客名」の列に、自己参照された顧客データが表示されることが確認できます。

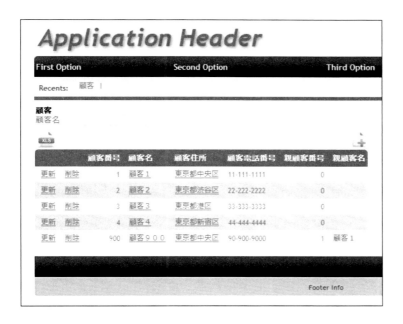

【8】すでに親顧客が設定されている顧客を、親顧客に設定します

　この例では、「顧客９９０」の親顧客は「顧客９００」で、「顧客９００」の親顧客は「顧客１」とします。

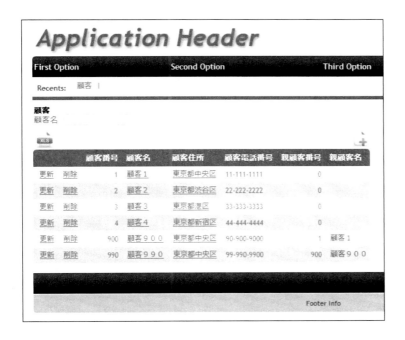

今回の例では、自分自身を親顧客として登録したり、顧客－親顧客の関係が循環（顧客－親顧客循環例：顧客1－顧客2、顧客2－顧客1）していてもチェックしていません。必要に応じてチェック用プロシージャを作成して登録時に呼び出してください。

3-3　iPhone（スマートデバイス）編

3-3-1　バーコード、QRコード、写真編

【キーワード】SD Scanner, Image, Work With for Smart Devices

　本項では、スマートデバイスアプリケーションの一例としてiPhone（iOS）向けアプリケーションの作成と、写真登録、バーコードリーダー、QRコードリーダーの組み込み手順を紹介します。

　TransactionオブジェクトにパターンWork With for Smart Devicesを適用してiOS向けスマートデバイスアプリケーションを作成し、そこにコントロールタイプImageを使用して写真登録機能を、SD Scannerを使用してバーコード（QRコード）リーダー機能を追加します。

◆実行環境の準備

　GeneXusで作成したスマートデバイスアプリケーションを実行するには、いくつか準備が必要です。

【1】アプリケーションをビルド・実行する環境に対して、スマートデバイス側からアクセスできるようにします

　次図は、GeneXusをインストールした環境のアプリケーションを実行するTomcatの管理画面に、iPhoneからアクセスできている状態です。

第3章　GeneXus ドリル　｜　305

【2】iPhoneにてApp Storeから「GeneXus 16 KB Navigator」を入手します

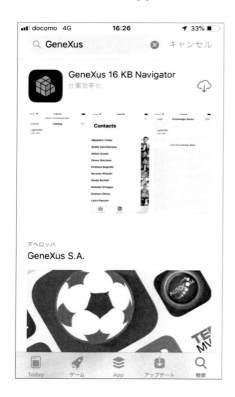

◆ジェネレーター設定の変更

GeneXusがビルド・実行するアプリケーションに対して、iPhoneからアクセスできるようにするためIPアドレスかホスト名を設定します。

【1】表示＞その他のツールウィンドウ＞設定 を開きます

【2】JavaEnvironment＞ジェネレーター＞Default (Java Web) を選択し、プロパティを開きます

【3】プロパティWeb Rootに設定されているアドレスを、外部からアクセスできるアドレスに変更します

初期状態では localhost と設定されている部分を、外部からアクセス可能なIPアドレスかホスト名に変更します。「実行環境の準備」の【1】で設定したIPアドレスかホスト名を使用します。

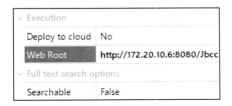

◆写真登録機能をTransactionオブジェクトに追加する

商品トランザクションに項目属性「ShouhinImage」を追加し、写真登録機能を持たせるためにコントロールタイプ「Image」を設定します。

【1】Structureエレメントにて以下の定義を追加します

名前	タイプ	デスクリプション
ShouhinImage	Image	商品画像

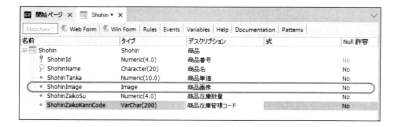

◆バーコード（QRコード）リーダー機能を追加する

　商品トランザクションに項目属性「ShouhinZaikoKanriCode」を追加しコントロールタイプ「SD Scanner」を適用します。コントロールタイプ「SD Scanner」はバーコードとQRコードのどちらも読み取り可能となります。iPhoneが対応しているバーコード、QRコードについてはGeneXus Wikiを参照してください。

【1】必要な項目属性をStructureエレメントにて以下の通り定義します。

名前	タイプ	デスクリプション
ShouhinZaikoKanriCode	VarChar(200)	商品在庫管理コード

【2】追加した商品在庫管理コードのプロパティを変更します

　プロパティ「Control Type」を「SD Scanner」に変更します。

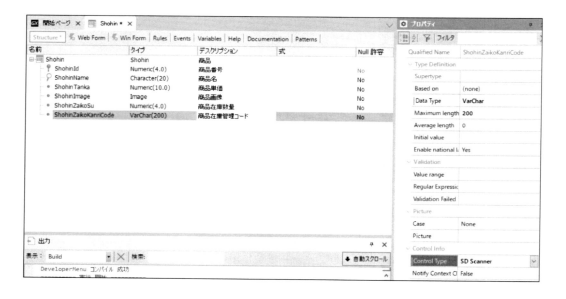

◆スマートデバイスアプリケーションの生成

商品トランザクションにパターン「Work With for Smart Devices」を適用します。

【1】Patternsエレメントを開き、「Work With for Smart Devices」タブの「保存時にこのパターンを適用」をチェックして保存します

【2】アプリケーション実行時のキャプションを変更します

パターンのツリーで「List」を選択してプロパティを開きます。プロパティ「Caption」を「商品一覧」に変更します。

◆スマートデバイスアプリケーション用メニューの作成

Menu for Smart Devicesオブジェクトを使用してメニューを作成します。

【1】Menu for Smart Devicesを作成します。

ファイル＞新規＞オブジェクト よりMenu for Smart Devicesを選択し、名前とデスクリプションを入力して「作成」ボタンを押下します。

・名前： JuchuSystemMenu
・デスクリプション： 受注システムメニュー

【2】受注システムメニューに「WorkWithDevicesShohin」を追加します

Menuエレメントのツリーで、Item＞追加＞Actionを開きます。「WorkWithDevicesShohin」を選択します。

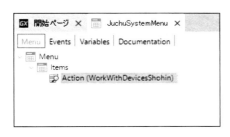

◆スマートデバイス用ジェネレーター設定の変更

　パターン「Work With for Smart Devices」を適用したことによって、ナレッジベースにスマートデバイス用のジェネレーター設定が追加されています。これはiOS向け、Android向けのどちらにも対応可能となる設定ですが、本書ではiOS向けアプリケーションのみ生成を行うように変更します。

【1】表示＞その他のツールウィンドウ＞設定 を開きます

　JavaEnvironment＞ジェネレーター＞SmartDevices (Smart Devices)を選択し、プロパティ「Generate Android」を「False」に変更します。

◆アプリケーションのビルド

【1】ビルド＞開発者メニューを実行 を行います

「データベースの再編成が必要です。」画面が表示されますので、「再編成」ボタンを押下します。

【2】KB Navigator向けQRコードの確認

　ビルドが成功すると、ブラウザに開発者メニューが表示されます。本項ではiOS向けスマートデバイスアプリケーションをビルドしたため、通常の開発者メニューの下に、「Install iOS Apps」というカテゴリーが表示されます。

◆KB Navigatorへのメニュー登録

作成したアプリケーションをiPhoneで起動するため、KB Navigatorにメニュー登録します。

【1】PC側のディスプレイに、開発者メニューの「Install iOS Apps」カテゴリーを表示します。

【2】iPhone側で「KBN v16」アプリを起動します

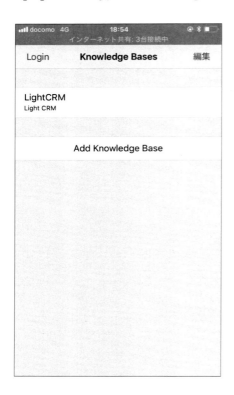

【3】「Add Knowledge Base」をタップし、メニュー登録のため「＋」をタップします

「New」画面が表示されますので、「Scan QR Code」をタップします。

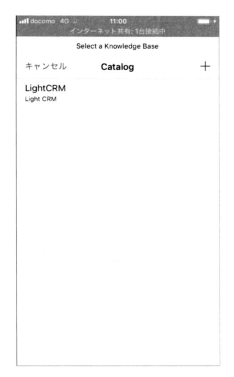
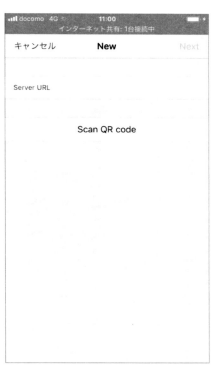

するとQRコードを読み取るためにカメラが起動されます。次図のようなメッセージが表示された場合は「OK」をタップします。

カメラを使用して、PC側の開発者メニューの「Install iOS Apps」カテゴリーに表示されているQRコードを読み取ります。

すると「New」画面のServer URLに、作成したアプリケーションのURLが読み込まれます。同時に「SELECT AN ENTRY POINT」としてスマートデバイスアプリケーション用メニュー「JuchuSystemMenu」の名前が表示されます。「JuchuSystemMenu」がチェックされていることを確認して、「保存」をタップします。

【4】「Knowledge Bases」画面に「JuchuSystemMenu」が表示されます

「JuchuSystemMenu」をタップします。

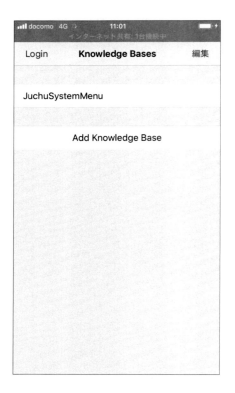

次図のようなメッセージが表示される場合はそのまましばらく待ちます。このメッセージでは、スクリーンを3本指で長押しすることで、起動したアプリケーションを終了できることを説明しています。

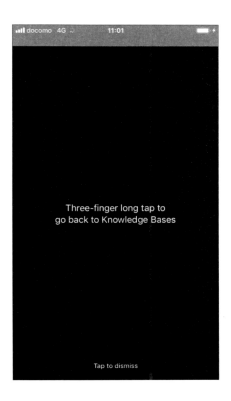

【5】作成したアプリケーション「商品一覧」が表示されます。

◆アプリケーションの実行

「商品一覧」を操作して、アプリケーションに組み込んだ写真登録機能とバーコード（QRコード）リーダー機能の動作を確認します。

【1】「商品一覧」で画面右上の「＋」をタップします

【2】商品情報の入力画面が開きますので、商品の情報を入力します

各入力域に文字や数値が入力できることを確認してください。「商品画像」の入力域をタップすると、写真の撮影か、画像の選択が可能になっています。

「商品在庫管理コード」入力域の右側に「＞」が表示されています。この「＞」をタップするとカメラが起動して、バーコードやQRコードを読み取ることが可能です。バーコードとQRコードのどちらも読み取りが可能であることを確認します。

商品情報を入力したら「保存」をタップします。

【3】「商品一覧」に、登録した商品情報が表示されます

同様に操作を続け、商品をいくつか登録したり、更新や削除も可能であることを確認します。

アプリケーションを終了する場合は、「商品一覧」画面でスクリーンを3本指で長押します。

3-3-2　GPS、マップ活用編

【キーワード】Work With for Smart Devices, Address, Geolocation, KBナビゲーター

　本項では、スマートデバイスアプリの一例としてiPhone（iOS）のGPS機能活用例を紹介します。

　Transactionにパターン「Work With for Smart Devices」を適用してiOS向けアプリを作成します。GPS機能を利用するため、コントロールタイプ「Address」と「Geolocation」を使用します。

　iOSアプリの作成と実行方法は複数ありますが、今回は「GeneXus 16 KB Navigator」を使用します。KB Navigatorを使用した方法は、iOSアプリの作成にMacが不要、iOSデバイスへのアプリ配布にApp StoreやMDMツールが不要と言った特徴があり手軽です。オフラインアプリなどiOSデバイスにアプリを配布する必要がある場合は他の方法で行います。詳細はGeneXus Wikiを参照してください。

◆実行環境の準備

　GeneXusで作成したスマートデバイスアプリケーションを実行するには、いくつか準備が必要です。

【1】アプリケーションをビルド・実行する環境に対して、スマートデバイス側からアクセスできるようにします

　次図は、GeneXusをインストールした環境のアプリケーションを実行するTomcatの管理画面に、iPhoneからアクセスできている状態です。

第3章　GeneXus ドリル　　323

【2】iPhoneにてApp Storeから「GeneXus 16 KB Navigator」を入手します

◆ジェネレーター設定の変更

GeneXusがビルド・実行するアプリケーションに対して、iPhoneからアクセスできるようにするためIPアドレスかホスト名を設定します。

【1】表示＞その他のツールウィンドウ＞設定 を開きます

【2】JavaEnvironment＞ジェネレーター＞Default (Java Web) を選択し、プロパティを開きます

【3】プロパティWeb Rootに設定されているアドレスを、外部からアクセスできるアドレスに変更します

　初期状態では`localhost`と設定されている部分を、外部からアクセス可能なIPアドレスかホスト名に変更します。「実行環境の準備」【1】で設定したIPアドレスかホスト名を使用します。

◆訪問予定トランザクションの作成

　iPhoneのGPSを活用するため訪問予定管理アプリを作成します。

【1】トランザクションを作成します

　ファイル＞新規＞オブジェクト よりTransactionを選択し、名前とデスクリプションを入力して「作成」ボタンを押下します。
・名前： `HoumonYotei`
・デスクリプション： 訪問予定

第3章　GeneXusドリル　325

【2】必要な項目をStructureエレメントで定義します

「訪問予定日」「訪問予定時刻」のふたつを、主キーに設定します。主キーに設定するには、項目を右クリックして「主キーを設定・解除」を選択します。「訪問予定先名」を名称項目属性に設定しておきます。

　名称項目属性に設定するには、項目を右クリックして「名称項目属性を設定・解除」を選択します。

設定	名前	タイプ	デスクリプション
主キー	HoumonYoteiDate	Date	訪問予定日
主キー	HoumonYoteiTime	Numeric(4.0)	訪問予定時刻
名称項目属性	HoumonYoteiSakiName	VarChar(40)	訪問予定先名
HoumonYoteiAddress	Address,GeneXus		訪問予定住所
HoumonYoteiGeolocation	Geolocation,GeneXus		訪問予定緯度経度

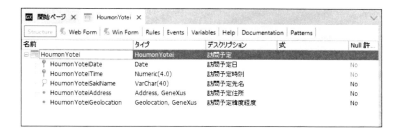

【3】項目属性のプロパティを変更します

項目属性	プロパティ	値
HoumonYoteiDate	Date format	Year with four digits (99/99/9999)
HoumonYoteiTime	Picture	99:99

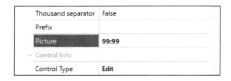

◆パターン「Work With for Web」の適用

訪問予定トランザクションにパターン「Work With for Web」を適用し、訪問予定データの一覧画面を作成します。

【1】Patternsエレメントを開き、「Work With for Web」タブの「保存時にこのパターンを適用」をチェックして保存します

【2】データのソート順を追加します

　一覧画面を訪問予定日と訪問予定時刻の昇順で表示します。ツリー上の「Orders」を右クリックし 追加＞Order を選択します。Orderが追加されますので、プロパティ「Name」に「訪問予定日、訪問予定時刻」を設定します。

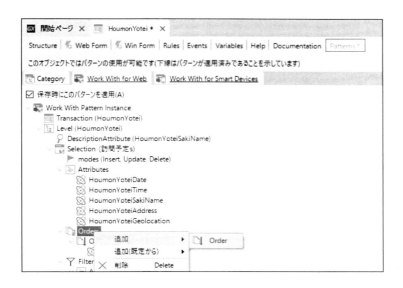

追加したOrderを、ドラッグ＆ドロップで最上位に移動します。

Orderを右クリックし 追加＞Attribute を選択します。「HoumonYoteiDate」を選択して「OK」ボタンを押下します。

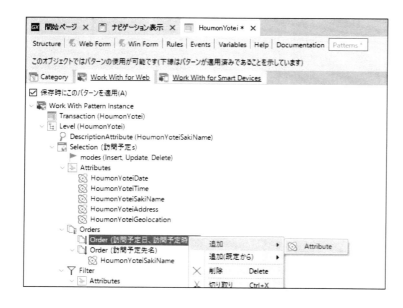

同様にOrderを右クリックし 追加＞Attribute を選択します。「HoumonYoteiTime」を選択して「OK」ボタンを押下します。

◆パターン「Work With for Smart Devices」の適用

訪問予定トランザクションにパターン「Work With for Smart Devices」を適用し、スマートデバイスアプリケーションを作成します。

【1】Patternsエレメントを開き、「Work With for Smart Devices」タブの「保存時にこのパターンを適用」をチェックして保存します

【2】List画面のプロパティを変更します

アプリケーション実行時のキャプションを変更します。ツリー上の「List」のプロパティ「Caption」に「訪問予定」を設定します。

【3】画面レイアウトをList画面の「レイアウト」で変更します

Listは、登録データの一覧画面です。表示項目を増やし、データを地図上に表示します。

第3章 GeneXusドリル | 333

「HoumonYoteiDate」を追加します。ツールボックスより「項目属性／変数」を
「HoumonYoteiSakiName」の上にドラッグ＆ドロップし、「HoumonYoteiDate」を選択し
「OK」ボタンを押下します。

「HoumonYoteiDate」のプロパティを以下の通り変更します。

プロパティ	値
Label Position	None
Horizontal Alignment	Center

「HoumonYoteiTime」を追加します。ツールボックスの「項目属性／変数」を「HoumonYoteiDate」の下にドラッグ＆ドロップし、「HoumonYoteiTime」を選択し「OK」ボタンを押下します。

「HoumonYoteiTime」のプロパティを以下の通り変更します。

プロパティ	値
Label Position	None
Horizontal Alignment	Center

「HoumonYoteiSakiName」のプロパティを以下の通り変更します。

プロパティ	値
Horizontal Alignment	Center

「HoumonYoteiAddress」を追加します。ツールボックスより「項目属性／変数」を「HoumonYoteiSakiName」の下にドラッグ＆ドロップし、「HoumonYoteiAddress」を選択し「OK」ボタンを押下します。

「HoumonYoteiAddress」のプロパティを以下の通り変更します。

プロパティ	値
Label Position	None
Horizontal Alignment	Center

List画面の「レイアウト」の下に「アプリケーションバー」領域があり、その下にTableやGridなど画面構成要素の表示領域があります。「Grid1」を選択してプロパティを開きます。

「Grid1」のプロパティを以下の通り変更します。

プロパティ	値	用途
Control Type	SD Maps	地図アプリケーションを利用する
Location Attribute	HoumonYoteiGeolocation	緯度経度情報を扱う

◆訪問履歴トランザクションの作成

【1】トランザクションを作成します

ファイル＞新規＞オブジェクト よりTransactionを選択し、名前とデスクリプションを入力して「作成」ボタンを押下します。

・名前： HoumonRireki
・デスクリプション： 訪問履歴

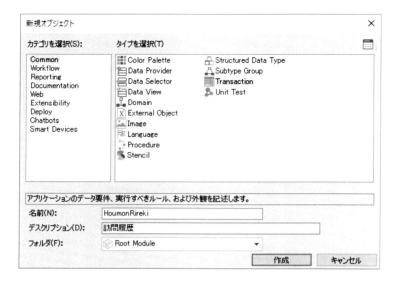

【2】必要な項目をStructureエレメントで以下の通り定義します

「訪問日」「訪問時刻」のふたつを、主キーに設定します。主キーに設定するには、項目を右クリックして「主キーを設定・解除」を選択します。「訪問先名」を名称項目属性に設定します。名称項目属性に設定するには、項目を右クリックして「名称項目属性を設定・解除」を選択します。

設定	名前	タイプ	デスクリプション
主キー	HoumonDate	Date	訪問日
主キー	HoumonTime	Numeric(4.0)	訪問時刻
名称項目属性	HoumonSakiName	VarChar(40)	訪問先名
	HoumonGeolocation	Geolocation,GeneXus	訪問緯度経度

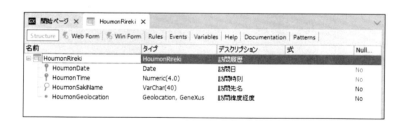

【3】項目属性のプロパティを以下の通り変更します

項目属性	プロパティ	値
HoumonDate	Date format	Year with four digits (99/99/9999)
HoumonTime	Picture	99:99

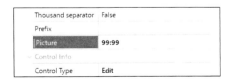

◆パターン「Work With for Web」の適用

訪問履歴トランザクションにパターン「Work With for Web」を適用して、訪問履歴一覧画面を作成します。

【1】Patternsエレメントを開き、「Work With for Web」タブの「保存時にこのパターンを適用」をチェックして保存します

【2】データのソート順を追加します

一覧画面を訪問日と訪問時刻の昇順で表示します。ツリー上の「Orders」を右クリックし追加＞Order を選択します。Orderが追加されますので、プロパティ「Name」に「訪問日、訪問時刻」を設定します。

追加したOrderを、ドラッグ＆ドロップで最上位に移動します。

Orderを右クリックし 追加＞Attribute を選択します。「HoumonDate」を選択してOKを押下します。

同様にOrderを右クリックし 追加＞Attribute を選択します。「HoumonTime」を選択して「OK」ボタンを押下します。

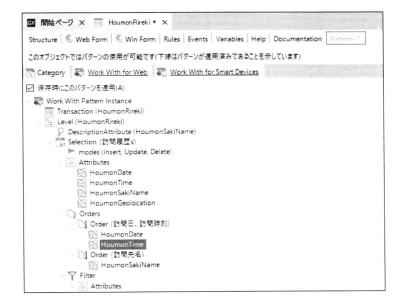

◆パターン「Work With for Smart Devices」の適用

　訪問履歴トランザクションにパターン「Work With for Smart Devices」を適用し、スマートデバイスアプリケーションを作成します。

【1】Patternsエレメントを開き、「Work With for Smart Devices」タブの「保存時にこのパターンを適用」をチェックして保存します

【2】List画面のプロパティを変更します

アプリケーション実行時のキャプションを変更します。ツリー上の「List」のプロパティ「Caption」に「訪問履歴」を設定します。

【3】画面レイアウトをList画面の「レイアウト」で変更します

Listは、登録データの一覧画面です。表示項目を増やし、データを地図上に表示します。

「HoumonDate」を追加します。ツールボックスより「項目属性／変数」を「HoumonSakiName」の上にドラッグ＆ドロップし、「HoumonDate」を選択し「OK」ボタンを押下します。

「HoumonDate」のプロパティを以下の通り変更します。

プロパティ	値
Label Position	None
Horizontal Alignment	Center

「HoumonTime」を追加します。ツールボックスの「項目属性／変数」を「HoumonDate」の下にドラッグ＆ドロップし、「HoumonTime」を選択し「OK」ボタンを押下します。

「HoumonTime」のプロパティを以下の通り変更します。

プロパティ	値
Label Position	None
Horizontal Alignment	Center

「HoumonSakiName」のプロパティを以下のように変更します。

プロパティ	値
Horizontal Alignment	Center

「Grid1」を選択してプロパティを開きます。

「Grid1」のプロパティを以下の通り変更します。

プロパティ	値	用途
Control Type	SD Maps	地図アプリケーションを利用する
Location Attribute	HoumonGeolocation	緯度経度情報を扱う

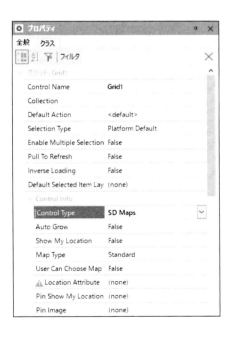

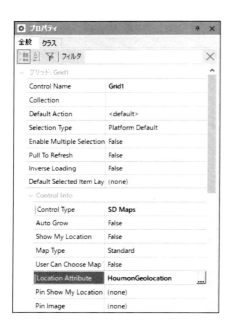

◆スマートデバイスアプリケーション用メニューの作成

Menu for Smart Devicesオブジェクトを使用してメニューを作成します。

【1】Menu for Smart Devicesを作成します

ファイル＞新規＞オブジェクト よりMenu for Smart Devicesを選択し、名前とデスクリプションを入力して「作成」ボタンを押下します

・名前： HoumonKanri
・デスクリプション： 訪問管理

【2】訪問管理に「WorkWithDevicesHoumonYotei」を追加します

Menuエレメントのツリーで、Item＞追加＞Action を開きます。「WorkWithDevicesHoumonYotei」を選択します。

【3】追加したActionのプロパティを以下の通り変更します

プロパティ	値
Description	訪問予定

【4】訪問管理に「WorkWithDevicesHoumonRireki」を追加します

　Menuエレメントのツリーで、Item＞追加＞Action　を開きます。「WorkWithDevicesHoumonRireki」を選択します

【5】追加したActionのプロパティを以下の通り変更します

プロパティ	値
Description	訪問履歴

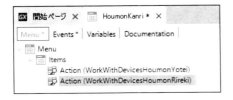

◆スマートデバイス用ジェネレーター設定の変更

　パターン「Work With for Smart Devices」を適用したことによって、ナレッジベースにスマートデバイス用のジェネレーター設定が追加されています。これはiOS向け、Android向けのどちらにも対応可能となる設定ですが、本書ではiOS向けアプリケーションのみ生成を行うように変更します。

【1】表示＞その他のツールウィンドウ＞設定 を開きます

　JavaEnvironment＞ジェネレーター＞SmartDevices (Smart Devices) を選択し、プロパティ「Generate Android」を「False」に変更します。

◆アプリケーションのビルド

【1】ビルド＞開発者メニューを実行 を行います

「データベーステーブルが作成されます。」画面が表示されますので、「作成」ボタンを押下します。

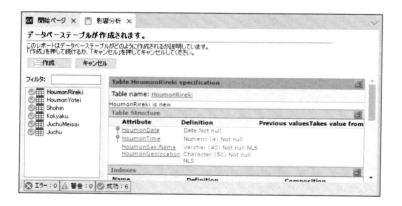

【2】KB Navigator向けQRコードの確認

　ビルドが成功すると、ブラウザに開発者メニューが表示されます。本項ではiOS向けスマートデバイスアプリケーションをビルドしたため、通常の開発者メニューの下に、「Install iOS Apps」というカテゴリーが表示されます。

◆訪問予定データの登録

作成したスマートデバイスアプリケーションを実行する前に、訪問予定データを登録します。

【1】訪問予定一覧画面を開き、以下のデータを登録します

訪問予定日	訪問予定時刻	訪問予定先名	訪問予定住所	訪問予定緯度経度
2018/07/25	09:00	JBCC 京都事業所	京都府京都市中京区虎屋町 566-1	35.010402, 135.759133
2018/07/25	13:00	JBCC 新大阪事業所	大阪府大阪市淀川区宮原 3-5-36	34.733863, 135.495808
2018/07/25	16:00	JBCC 神戸事業所	兵庫県神戸市中央区御幸通 6-1-12	34.693122, 135.197683
2018/07/26	09:00	JBCC 蒲田事業所	東京都大田区蒲田 5-37-1	35.560932, 139.718187
2018/07/26	11:00	JBCC 横浜関内事業所	神奈川県横浜市中区山下町 23	35.446344, 139.645461
2018/07/26	15:00	JBCC 大宮事業所	埼玉県さいたま市大宮区桜木町 1-11-7	35.903482, 139.61901
2018/07/27	09:00	JBCC 名古屋 NHK 事業所	愛知県名古屋市東区東桜 1-13-3	35.171637, 136.911317
2018/07/27	14:00	JBCC 浜松事業所	静岡県浜松市中区元城町 219-21	34.709735, 137.727787
2018/07/27	17:00	JBCC 静岡事業所	静岡県静岡市駿河区南町 11-1	34.969785, 138.390326

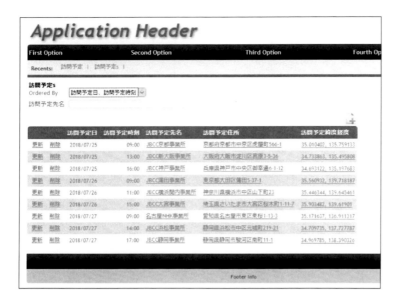

　訪問予定のJBCC京都事業所を例に、Google Mapを利用した緯度経度の登録方法を紹介します。

　訪問予定のうち、訪問緯度経度以外を登録します。実行ボタンを押すと訪問予定一覧画面に戻りますので、訪問予定住所「京都府京都市〜」をクリックします。
Google Mapが表示され、住所の箇所にバルーンが表示されます。バルーンのあたりで右クリックメニューを表示し「この場所について」をクリックします。画面中央下部に表示される小窓「この場所について」の緯度経度をクリックすると画面左端に詳細が表示されるので、緯度経度を選択してコピーします。

　GeneXusのGeolocationに登録可能なのは10進法表記です。「35°00'38.2"N　135°45'35.5"E」のような度数表記には対応していません。コピーした緯度経度を登録します。

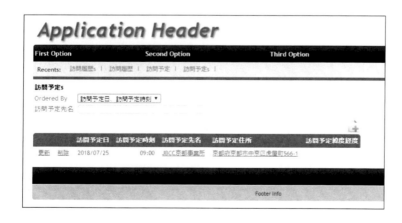

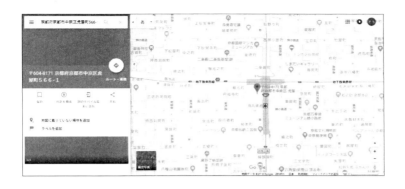

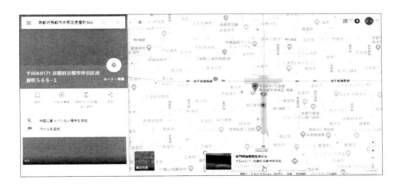

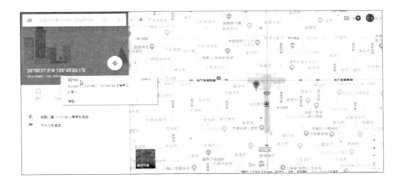

◆KB Navigatorへのメニュー登録

　作成したアプリケーションをiPhoneで起動するため、KB Navigatorにメニュー登録します。

【1】PC側のディスプレイに開発者メニューの「Install iOS Apps」カテゴリーを表示します。

【2】iPhone側で「KBN v16」アプリを起動します

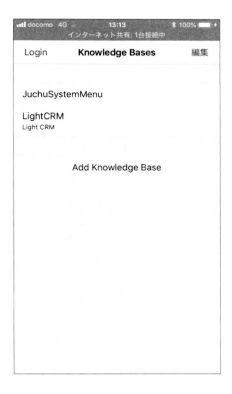

【3】「Add Knowledge Base」をタップし、メニュー登録のため「+」をタップします
「New」画面が表示されますので、「Scan QR Code」をタップします。

するとQRコードを読み取るためにカメラが起動されます。次図のようなメッセージが表示された場合は「OK」をタップします。

カメラを使用して、PC側の開発者メニューの「Install iOS Apps」カテゴリーに表示されているQRコードを読み取ります。

すると「New」画面の Server URL に、作成したアプリケーションの URL が読み込まれます。同時に「SELECT AN ENTRY POINT」としてスマートデバイスアプリケーション用メニュー「HoumonKanri」の名前が表示されます。「HoumonKanri」がチェックされていることを確認して、「保存」をタップします。

【4】「Knowledge Bases」画面に「HoumonKanri」が表示されます

「HoumonKanri」をタップします。

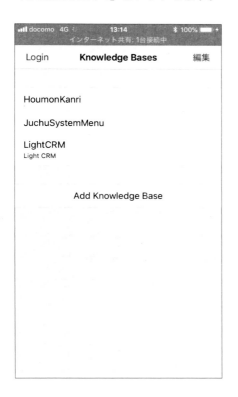

次図のようなメッセージが表示される場合はそのまましばらく待ちます。このメッセージでは、スクリーンを3本指で長押しすることで、起動したアプリケーションを終了できることを説明しています。

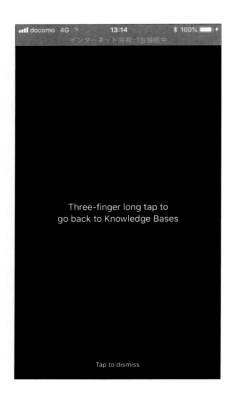

【5】作成したアプリケーション「訪問予定」が表示されます。

◆アプリケーションの実行

「訪問予定」を操作して、アプリケーションに組み込んだGPS機能とマップ機能の動作を確認します。

【1】訪問予定画面にフィルターを設定します

「訪問予定」画面右下のフォルダーアイコンをタップし「フィルター」の「訪問予定日」をタップします。

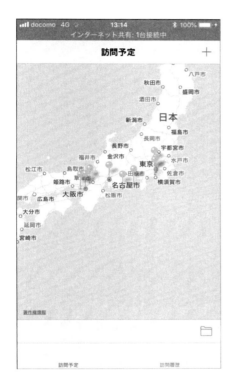 

「次の訪問予定日から」をタップし「2018年7月26日」を選択して「完了」をタップします。

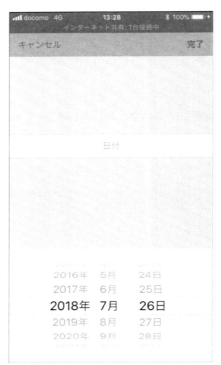

「次の訪問予定日まで」をタップし「2018年7月26日」を選択して「完了」をタップします。

「訪問予定日」のフィルターを設定できたので「完了」をタップします。

「訪問予定日」のフィルターで設定した日付の訪問予定先が、地図上にピンで表示されます。

【2】訪問予定画面を操作します

任意のピンをタップすると、訪問予定の詳細が書かれた吹き出しが表示されます。

吹き出しに表示された住所をタップすると、新しい画面が開き、住所の場所がズームされます。

「経路」ボタンをタップすると、現在地から訪問予定先への経路が表示されます。

「出発」ボタンをタップすると、現在地から訪問予定先へのナビゲーションが開始されます。

iPhoneのホームボタンをすばやく2度押して画面を選択することで、元の訪問予定画面（KBN v16）に戻ります。

【3】訪問履歴画面を操作します

画面右下の「訪問履歴」をタップすると、訪問履歴画面が表示されます。

画面右上の「＋」をタップすると、訪問履歴の入力画面が表示されます。訪問先に訪れるたびに、この入力画面を使用して訪問履歴データを登録します。

「訪問日」に当日の日付、「訪問時刻」に現在の時刻、「訪問先名」に現在訪問している訪問先の情報を入力します。

「訪問緯度経度」の入力域の右側の「>」をタップすると、新たに地図が表示されます。

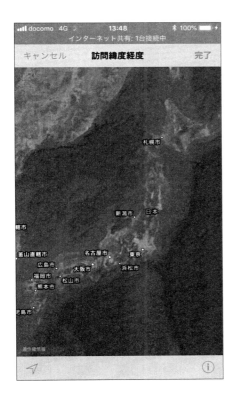

第3章　GeneXusドリル　379

画面左下の矢印をタップすると、現在地にピンが設置されます。

画面右上の「完了」をタップすると、「訪問緯度経度」に現在地がセットされます。

画面右上の「保存」をタップすると、訪問履歴データが登録され、地図上にピンで表示されます。

ピンをタップすると、その訪問履歴の詳細が書かれた吹き出しが表示されます。

訪問先に訪れるたびに同様に訪問履歴データを登録することで、訪れた場所がすべて地図上で確認できます。

3-4　運用・デバッグ編

3-4-1　簡易デバッグ編

【キーワード】Msg

　本項では、Msg関数を使用した簡易デバッグを紹介します。

　アプリケーションの実行時に、処理手順のどの部分を通過しているか、処理手順内の変数にどんな値が入っているかを知りたい場合があります。このような場合、GeneXusのデバッグ機能を使用することもできますが、簡易な調査で良い場合Msg関数を使用すると便利です。

　Msg関数はWeb Formエレメントを持つオブジェクト（トランザクション、Webパネル、Webコンポーネント、マスターページ）のEventsエレメントか、プロシージャオブジェクトのSourceエレメントで使用できます。

◆Eventsエレメントでの使用例（Webパネル）

　今回は、WebパネルのEventsエレメントに記述された処理手順に対して簡易デバッグします。

　処理手順内の任意のタイミングで、Msg関数を記述しメッセージを表示します。

　Webパネルの例として、顧客一覧画面を使用します。

【1】顧客一覧画面を開きます

　KBエクスプローラーのツリーから、Kokyaku＞WorkWithKokyaku＞WWKokyaku を開きます。

【2】簡易デバッグ処理をEventsエレメントで定義します

　Startイベントの開始と終了のタイミングでメッセージが出力されるようにMsg関数を定義します。

```
Msg("Startイベントが開始されました。")
```

384　｜　第3章　GeneXus ドリル

続いてStartイベント終了直前のタイミングで、以下の記述を追加します。

```
Msg("Startイベントが終了しました。")
```

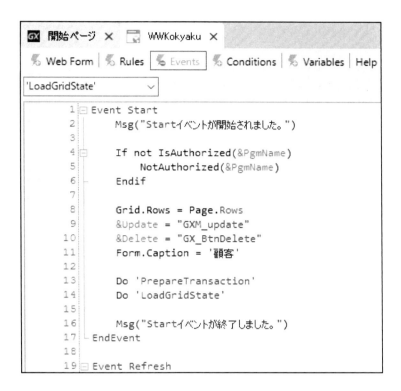

【3】アプリケーションを実行します

変更したWebパネルオブジェクトをビルドして、動作を確認します。ビルド＞開発者メニューを実行 を行います。

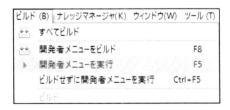

顧客一覧画面を開きます。するとStartイベントが処理され、今回記述したメッセージが表示されます。

【4】StartイベントにMsg関数を追加します

顧客一覧画面のEventsエレメントを開き、Startイベントで使用されている変数の値を、Msg関数を使用して実行画面に表示する処理を追加します。Startイベント内の、変数に値を代入している処理の直後に以下の記述を追加します。

```
Msg("Grid.Rowsの値は「" + Trim(Str(Grid.Rows)) + "」です。")
Msg("&Updateの値は「" + &Update + "」です。")
Msg("&Deleteの値は「" + &Delete + "」です。")
Msg("Form.Captionの値は「" + Form.Caption + "」です。")
```

メッセージに出力する文字列は、「+」を使用して連結します。これは変数に文字列が格納されている場合も同様です。変数が文字列型以外の数値型などのデータ型である場合は、値を文字列へ変換することでメッセージへ出力できます。ここでは「Grid.Rows」が数値型ですから、Str関数を使用して文字列へ変換しています。

数値を文字列へ変換すると、変換後の文字列に対して変数の桁数の分だけ半角スペースが付加されるため、Trim関数を使用して不要なスペースを除去しています。

```
1  Event Start
2      Msg("Startイベントが開始されました。")
3
4      If not IsAuthorized(&PgmName)
5          NotAuthorized(&PgmName)
6      Endif
7
8      Grid.Rows = Page.Rows
9      &Update = "GXM_update"
10     &Delete = "GX_BtnDelete"
11     Form.Caption = '顧客'
12
13     Msg("Grid.Rowsの値は「" + Trim(Str(Grid.Rows)) + "」です。")
14     Msg("&Updateの値は「" + &Update + "」です。")
15     Msg("&Deleteの値は「" + &Delete + "」です。")
16     Msg("Form.Captionの値は「" + Form.Caption + "」です。")
17
18     Do 'PrepareTransaction'
```

【5】アプリケーションを実行します

ビルド＞開発者メニューを実行 を行います。

顧客一覧画面を開きます。Startイベントが処理され、今回記述したメッセージが表示されます。イベントの開始と終了の情報に加えて、イベント内で使用している変数に格納された値を表示していることを確認します。

【6】Grid.LoadイベントにMsg関数を追加します

顧客一覧画面のEventsエレメントを開き、Grid.Loadイベントに対してイベントの開始と終了の情報や、イベント内で使用している変数の値を表示する処理を定義します。

```
Msg("Grid.Loadイベントが開始されました。")

~

Msg("KokyakuIdの値は「" + Trim(Str(KokyakuId)) + "」です。")
Msg("&Update.Linkの値は「" + &Update.Link + "」です。")
Msg("&Delete.Linkの値は「" + &Delete.Link + "」です。")
Msg("KokyakuName.Linkの値は「" + KokyakuName.Link + "」です。")

Msg("Grid.Loadイベントが終了しました。")
```

【7】アプリケーションを実行します

ビルド＞開発者メニューを実行 を行います。

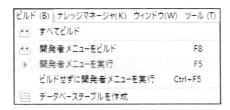

顧客一覧画面を開きます。Startイベントが処理され、今回記述したメッセージが表示されます。

顧客データを追加するため、「追加」ボタン（緑の「＋」のボタン）を押下してください。詳細画面が開きますので、顧客データを入力し「実行」ボタンを押下します。

顧客一覧画面を開きます。顧客のデータを追加したため、明細行が1行増えています。Grid.Loadイベント動作時のメッセージが追加されていることを確認します。顧客一覧画面に戻ったときに、Startイベント、Grid.Loadイベントが処理されていることを確認します。

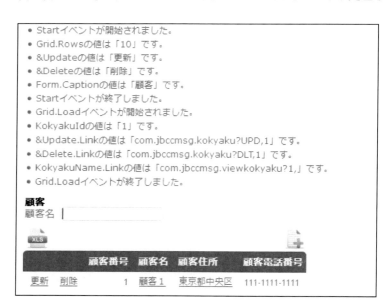

さらに何件か、顧客データを追加します。

顧客一覧画面を開くと、明細行が1行増えていること、Grid.Loadイベント動作時のメッセージが増えていることを確認します。Startイベントが処理されるのは1回だけですが、Grid.Loadイベントは明細行の行数分、動作していることが分かります。

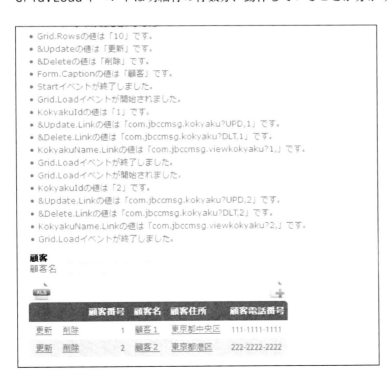

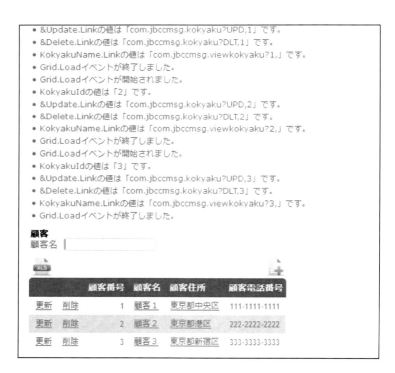

◆Eventsエレメントでの使用例（トランザクション）

今回は、トランザクションのEventsエレメントに記述された処理手順に対して簡易デバッグします。

顧客一覧画面から呼び出す顧客トランザクションを使用して、動作を確認します。

【1】顧客トランザクションを開きます
KBエクスプローラーのツリーから、Kokyakuを開きます。

【2】簡易デバッグ処理をEventsエレメントで定義します
「/* Generated by ...」というコメントで囲まれた領域はWork Withパターンがこのトランザクションに対して自動追加した処理手順で、この領域内の処理手順は変更できません。変更しても再度上書きされてしまうため、処理手順を記述する場合はこの領域の外側に記述します。

Startイベントの開始と終了のタイミングでメッセージが出力されるようにMsg関数を定義します。

```
Msg("Startイベントが開始されました。")

～

Msg("&PgmNameの値は「" + &PgmName + "」です。")
Msg("&TrnContextの値は「" + &TrnContext.ToXml() + "」です。")

Msg("Startイベントが終了しました。")
```

変数「&TrnContext」はデータ構造型の変数であるため、値を文字列に変換するため ToXml
メソッドを使用します。

```
 1 ⊟ Event Start
 2       Msg("Startイベントが開始されました。")
 3
 4 ⊟     /* Generated by Work With Pattern [Start] - Do not change */
 5       [web]
 6 ⊟     {
 7 ⊟     If not IsAuthorized(&PgmName)
 8           NotAuthorized(&PgmName)
 9       Endif
10
11       &TrnContext.FromXml(&WebSession.Get(!"TrnContext"))
12       }
13 ⊟     /* Generated by Work With Pattern [End] - Do not change */
14
15       Msg("&PgmNameの値は「" + &PgmName + "」です。")
16       Msg("&TrnContextの値は「" + &TrnContext.ToXml() + "」です。")
17
18       Msg("Startイベントが終了しました。")
19 └ EndEvent
20
21 ⊟ Event After Trn
```

【3】アプリケーションを実行します

ビルド>開発者メニューを実行 を行います。

顧客一覧画面を開きます。「追加」ボタンを押下するか、「更新」「削除」リンクをクリック
して顧客の詳細画面を開きます。Start イベントが動作したことにより、先ほど記述したメッ
セージが表示されます。一覧画面とは異なり、メッセージが赤文字で表示されます。これは、
トランザクションオブジェクトの Web Form エレメントに、エラービューアが設置されている
ためです。

◆Source エレメントでの使用例（プロシージャ）

　今回は、プロシージャのSource エレメントに記述された処理手順に対して簡易デバッグします。

　プロシージャは、メッセージを表示するための実行画面を持っていませんが、Web Form エレメントを持つオブジェクトからプロシージャを呼び出すことで、その実行画面にメッセージを表示させることができます。つまりバッチプログラムでも、画面から呼び出すことで簡易デバッグができます。

　商品出荷Webパネルから呼び出している商品出荷プロシージャを使用して、簡易デバッグします。

【1】商品出荷プロシージャを開きます

　KBエクスプローラーのツリーから、Prc_ShohinShukka を開きます。

【2】簡易デバッグ処理をSource エレメントで定義します

　Source エレメントに記述されている処理手順の各所にMsg関数を記述して、処理状況や変数の値をメッセージで表示させます。

第3章　GeneXus ドリル　395

```
Msg("商品出荷プロシージャが開始されました。")
Msg("&ShohinIdの値は「" + Trim(Str(&ShohinId)) + "」です。")

For each
    where ShohinId = &ShohinId

    Msg("商品データが存在しました。")

    Msg("&ShohinShukkaSuの値は「" + Trim(Str(&ShohinShukkaSu)) +
"」です。")
    Msg("更新前のShohinZaikoSuの値は「" + Trim(Str(ShohinZaikoSu))
+ "」です。")

    &Chk_ShohinZaikoSu = ShohinZaikoSu - &ShohinShukkaSu
    ShohinZaikoSu = &Chk_ShohinZaikoSu

    Msg("&Chk_ShohinZaikoSuの値は「" +
Trim(Str(&Chk_ShohinZaikoSu)) + "」です。")
    Msg("更新後のShohinZaikoSuの値は「" + Trim(Str(ShohinZaikoSu))
+ "」です。")
Endfor

If &Chk_ShohinZaikoSu < 0
    Msg("&Chk_ShohinZaikoSuの値がゼロ以下でした。")

    &Message = !'在庫が足りません'
    Rollback

    Msg("ロールバックを行いました。")
Else
    Commit
    &Message = !'出荷完了'

    Msg("コミットを行いました。")
Endif

Msg("商品出荷プロシージャが終了しました。")
```

「Msg(」で始まる行すべてが、今回追加した定義です。商品出荷プロシージャの開始と終了タイミングや、該当の商品データが存在したかどうか、在庫数がどのように変化したか、在庫数の判定結果やデータの確定状況などが表示されます。

```
      開始ページ  ×      Prc_ShohinShukka  ×

  Source  Layout  Rules  Conditions  Variables  Help  Documentation

 1    Msg("商品出荷プロシージャが開始されました。")
 2
 3    Msg("&ShohinIdの値は「" + Trim(Str(&ShohinId)) + "」です。")
 4
 5    For each
 6        where ShohinId = &ShohinId
 7
 8        Msg("商品データが存在しました。")
 9
10        Msg("&ShohinShukkaSuの値は「" + Trim(Str(&ShohinShukkaSu)) + "」です。")
11        Msg("更新前のShohinZaikoSuの値は「" + Trim(Str(ShohinZaikoSu)) + "」です。")
12
13        &Chk_ShohinZaikoSu = ShohinZaikoSu - &ShohinShukkaSu
14        ShohinZaikoSu = &Chk_ShohinZaikoSu
15
16        Msg("&Chk_ShohinZaikoSuの値は「" + Trim(Str(&Chk_ShohinZaikoSu)) + "」です。")
17        Msg("更新後のShohinZaikoSuの値は「" + Trim(Str(ShohinZaikoSu)) + "」です。")
18    Endfor
19
20    If &Chk_ShohinZaikoSu < 0
21        Msg("&Chk_ShohinZaikoSuの値がゼロ以下でした。")
22
23        &Message = !'在庫が足りません'
24        Rollback
25
26        Msg("ロールバックを行いました。")
27    Else
28        Commit
29        &Message = !'出荷完了'
```

第3章 GeneXus ドリル 397

【3】アプリケーションを実行します

ビルド＞開発者メニューを実行 を行います。商品出荷画面を開き、商品1の在庫数量1000個に対して10個出荷します。

「出荷」ボタンを押下すると、商品出荷プロシージャが呼び出されメッセージが表示されます。

Application Header

First Option　　　　　　　　**Second Option**

Recents:　顧客　|　商品　|　商品出荷　|

商品出荷

- 商品出荷プロシージャが開始されました。
- &ShohinIdの値は「1」です。
- 商品データが存在しました。
- &Shohin.ShukkaSuの値は「10」です。
- 更新前のShohinZaikoSuの値は「1000」です。
- &Chk_ShohinZaikoSuの値は「990」です。
- 更新後のShohinZaikoSuの値は「990」です。
- コミットを行いました。
- 商品出荷プロシージャが終了しました。
- 出荷完了

商品番号　　　　1

商品名

検索

商品番号　　　　1

商品名　　　　　商品1

商品在庫数量　990

商品出荷数量　　　0

出荷

　プロシージャの開始と終了タイミングや、商品1が存在したこと、在庫数が990個に変化したこと、在庫数の更新がコミットされたことなどをメッセージで確認します。

次に商品2の在庫数量2000個に対して6000個出荷します。

Application Header

First Option   Second Option

Recents: 顧客 | 商品 | 商品出荷 |

商品出荷

商品番号　　2
商品名

検索

商品番号　　　2
商品名　　　　商品2
商品在庫数量　2000
商品出荷数量　6000

出荷

「出荷」ボタンを押下すると、商品出荷プロシージャが呼び出されメッセージが表示されます。

Application Header

First Option　　　　　　　　**Second Option**

Recents:　顧客 ｜ 商品 ｜ 商品出荷 ｜

商品出荷

- 商品出荷プロシージャが開始されました。
- &ShohinIdの値は「2」です。
- 商品データが存在しました。
- &Shohin.ShukkaSuの値は「6000」です。
- 更新前のShohinZaikoSuの値は「2000」です。
- &Chk_ShohinZaikoSuの値は「-4000」です。
- 更新後のShohinZaikoSuの値は「-4000」です。
- &Chk_ShohinZaikoSuの値がゼロ以下でした。
- ロールバックを行いました。
- 商品出荷プロシージャが終了しました。
- 在庫が足りません

商品番号	2
商品名	

検索

商品番号	2
商品名	商品2
商品在庫数量	2000
商品出荷数量	0

　商品2が存在したこと、在庫数の計算結果が-4000個だったこと、在庫数が更新されずロールバックされたことなどをメッセージで確認します。

　今回、多くのMsg関数を処理記述内に追加していますが、実際に簡易デバッグしたい場合は動作や値を確認したい特定の適切な箇所に追加します。Msg関数を使用して必要な動作確認を終えたら、処理記述内に追加したMsg関数はコメント化するか削除します。完成状態のアプリケーションでそれらの簡易デバッグ用のメッセージが出力されないようにしておく必要があります。

第3章　GeneXus ドリル

3-4-2　出力SQL確認編

【キーワード】JDBCログ

　本項では、JDBCドライバーのログを確認する方法を紹介します。ログを出力することで、作成したアプリケーションが発行するSQL文を確認することもできます。

◆ジェネレーター設定の変更

　JDBCログを出力するために、ジェネレーターの設定値を変更します。

【1】表示＞その他のツールウィンドウ＞設定 を開きます

　JavaEnvironment＞ジェネレーター＞Default (Java Web) を選択しプロパティを開き、プロパティ「Log JDBC Activity」を「Yes」に変更します。次に、プロパティ「JDBC log file」にログファイル出力先とログファイル名のフルパスを設定します。今回は、「c:¥logs¥Jdbclog.log」と記入します。

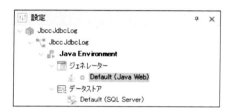

402　　第3章　GeneXusドリル

【2】上記のパスを実行環境に作成します

今回は、Cドライブの直下に「logs」という名前のフォルダを作成します。パスに記載されているフォルダが存在しない場合、ログファイルが出力されません。

◆アプリケーションの実行

アプリケーションを動作させて、ログファイルに出力される内容を確認します。

【1】ビルド＞開発者メニューを実行 を行います。

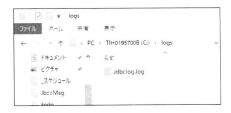

【2】開発者メニューが開いたら、ログファイル出力先フォルダを確認します

ログファイル出力先フォルダ「c:\logs」に、指定した名前のログファイル「Jdbclog.log」が作成されます。

作成されていない場合は、開発者メニューが表示されているブラウザウィンドウを何度か最新表示（ F5 ）させたり、Tomcatを再起動して、作成されるか確認します。ログファイルを開くと、いくつかの記述がすでに書き込まれていることを確認します。

第3章　GeneXusドリル　403

【3】開発者メニューから商品トランザクション（Shohin）を開き、商品データの登録を行います

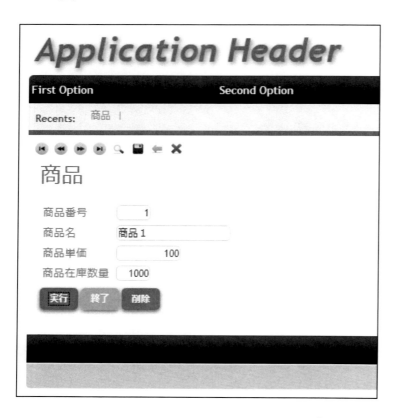

【4】ログファイルを確認します

「c:¥logs¥Jdbclog.log」を開き、アプリケーションが動作した際にログが書き込まれていることを確認します。

第3章 GeneXusドリル | 405

Javaアプリケーションが JDBC 接続を使用してデータベースへアクセスした記録が出力され
ています。このログにて、アプリケーションが動作した際に発行した SQL 文を確認することも
できます。

　例えば、最後に商品データの登録を行ったときの Insert 文が、以下のように記録されてい
ることが分かります。

```
    INSERT INTO [Shohin]([ShohinId], [ShohinName], [ShohinTanka],
[ShohinZaikoSu]) VALUES(?, ?, ?, ?)
```

「?」の部分は変数ですが、その変数に渡された値も以下のようにログに出力されます。

```
                setShort - index : 1 value : 1
                setString - index : 2 value : 商品1
                setLong - index : 3 value : 100
                setShort - index : 4 value : 1000
```

　JDBC ログ出力機能は、デバッグなど動作確認のために実装されており、本番環境での使用
には向きません。ログファイルが巨大なサイズになり、アプリケーションの動作にも負荷がか
かります。開発環境のみで使用し、本番環境では使用しないようにする（ジェネレーターのプ
ロパティ「Log JDBC Activity」を「No」にする）など考慮が必要です。

　ただし、GeneXus のデプロイ機能を使用してアプリケーションを本番環境へデプロイした場
合は、JDBC ログ出力機能は動作しません。JDBC ログ出力機能に必要な Java アーカイブであ
る「gxclassD.zip」がデプロイ対象に含まれないためです。

406　　第3章　GeneXus ドリル

3-4-3　テキスト書き出し編

【キーワード】区切りASCIIファイル関数

　本項では、テキスト文書を書き出すアプリケーションの作成方法を紹介します。アプリケーションの動作記録やエラーを記録するログファイルを想定しています。テキスト文書は、サーバーの特定フォルダに記録するものとします。

　テキスト文書の書き出しは、関数を組み合わせて実現します。ログ出力を行うプロシージャを作成し、ログ出力させたいアプリケーションから呼び出します。

◆ログ出力プロシージャの作成

　アプリケーションから受け取ったメッセージをログファイルに書き出すプロシージャを作成します。

【1】プロシージャを作成します

　ファイル＞新規＞オブジェクト よりProcedureを選択し、名前とデスクリプションを入力して「作成」ボタンを押下します。

・名前：　Prc_WriteLog
・デスクリプション：　ログ出力

【2】Variablesエレメントで変数を定義します

以下の変数を定義します。

名前	タイプ
Directory	Directory
i	Numeric(4.0)
LogMessage	VarChar(256)
LogPgmname	Character(128)
ServerNow	DateTime

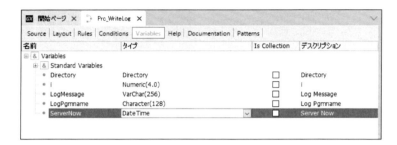

項目属性「ServerNow」に関してはプロパティを以下のように変更します。

プロパティ	値
Date format	Year with four digits (99/99/9999)
Hour format	Hour, minutes and seconds (hh:mm:ss)

　DateTimeデータタイプはデフォルトでは年は2桁、時刻は時分のみで出力されますが、プロパティを変更することで年を4桁、時刻を時分秒で出力させることができます。

【3】Rulesエレメントでパラメータを定義します
　ログ出力するアプリケーションの名前とメッセージを入力パラメータで受け取ります。

```
Parm(In:&LogPgmname,In:&LogMessage);
```

【4】Sourceエレメントで処理手順を定義します

Directoryデータタイプ変数を使用してログファイル保管先フォルダを作成します。フォルダが存在していない場合だけフォルダが作成されます。

```
//ログファイル保管先を作成
&Directory.Source = "C:\Logs"
&Directory.Create()
```

DFWOpen関数を使用して、ログファイルを開きます。ファイルが存在しない場合は作成されます。DFWOpen関数は処理結果状態を数値で返すため、変数&iで受け取ります。DFWOpen関数で受け渡している各パラメータの役割は次の通りです。

・第1パラメータ： ログファイルのフルパス
・第2パラメータ： 書き出す内容の区切り文字（この例ではカンマ）
・第3パラメータ： 書き出す文字列の前後に付加する文字（この例では無指定）
・第4パラメータ： 動作モード（0：新規、1：追記）
・第5パラメータ： 文字コード（この例ではUTF-8）

```
//テキストファイルを作成して開く
&i = DFWOpen("C:\Logs\LogFile.log",",","",1,"UTF-8")
```

ログメッセージを書き出します。ログフォーマットは次の通りとします。
・第1項目： ログ出力日時（アプリケーションサーバー時刻）
・第2項目： ログ出力するアプリケーション名
・第3項目： ログメッセージ
各項目はカンマ区切り。

利用する関数は次の通りです。
・ServerNow関数：アプリケーションサーバーの現在日時を取得
・DFWPtxt関数：指定文字列の書き出し
・第1パラメータ：文字列
・第2パラメータ：文字列の長さ（0：第1パラメータの文字列長に従う）

```
//ログメッセージを書き出す
&ServerNow = ServerNow()
&i = DFWPTxt(&ServerNow.ToFormattedString(),0)
&i = DFWPTxt(&LogPgmname,0)
&i = DFWPTxt(&LogMessage,0)
```

DFWNext関数を使用して書き出し内容を確定します。DFWNext関数は、書き出し内容を確定するとともに改行を行います。

```
//書き出し内容を確定
&i = DFWNext()
```

DFWClose関数を使用して、ログファイルを閉じます。

```
//テキストファイルを閉じる
&i = DFWClose()
```

```
GX 開始ページ ×     Prc_WriteLog ×

Source  Layout  Rules  Conditions  Variables  Help  Documentation  Patterns

 1   //ログファイル保管先を作成
 2   &Directory.Source = "C:\Logs"
 3   &Directory.Create()
 4
 5   //テキストファイルを作成して開く
 6   &i = DFWOpen("C:\Logs\LogFile.log",",","",1,"UTF-8")
 7
 8   //ログメッセージを書き出す
 9   &ServerNow = ServerNow()
10   &i = DFWPTxt(&ServerNow.ToFormattedString(),0)
11   &i = DFWPTxt(&LogPgmname,0)
12   &i = DFWPTxt(&LogMessage,0)
13
14   //書き出し内容を確定
15   &i = DFWNext()
16
17   //テキストファイルを閉じる
18   &i = DFWClose()
19   |
```

◆商品出荷画面にログ出力機能を追加

商品出荷画面にログ出力プロシージャ呼び出し処理を追加し、ログ出力させます。今回は、出荷ボタン押下時の処理開始と終了のログを出力させます。

【1】商品出荷画面を開きます
KBエクスプローラーのツリーから、WP_ShoinShukkaを開きます。

【2】Eventsエレメントを開きます

第3章 GeneXus ドリル　411

【3】Shukkaイベントに処理を追加します

　Shukka イベント開始直後の位置で、ログ出力プロシージャを呼び出します。&Pgmname はシステム予約変数で、プログラム名（Name）が格納されます。今回の例では、WP_ShoinShukka が格納されています。

```
Prc_WriteLog.Call(&Pgmname,"出荷ボタンが押下されました。")
```

　Shukka イベント終了直前の位置で、ログ出力プロシージャを呼び出します。

```
Prc_WriteLog.Call(&Pgmname,"出荷ボタンの処理が終了しました。")
```

```
GX 開始ページ ×    WP_ShohinShukka ×

Web Form │ Rules │ Events │ Conditions │ Variables │ Help │ Documentation │ Patterns

Events

 1 ⊟ Event 'Srch'
 2       Do 'Srch'
 3 └ Endevent
 4
 5 ⊟ Event 'Shukka'
 6       Prc_WriteLog.Call(&Pgmname,"出荷ボタンが押下されました。")
 7
 8       Prc_ShohinShukka(&ShohinId,&ShohinShukkaSu,&Message)
 9
10       &ShohinShukkaSu = 0
11
12 ⊟     If not &Message.IsEmpty()
13          Msg(&Message)
14       EndIf
15
16       Do 'Srch'
17
18       Prc_WriteLog.Call(&Pgmname,"出荷ボタンの処理が終了しました。")
19 └ Endevent
20
```

◆プロシージャからのログ出力

　プロシージャからもログ出力可能です。今回は、プロシージャの処理開始と終了、処理結果のメッセージログを出力します。

【1】商品出荷プロシージャを開きます

　KB エクスプローラーのツリーから、Prc_ShohinShukka を開きます。

412　│　第3章　GeneXus ドリル

【2】Sourceエレメントに処理を追加します

処理開始直後の位置で、ログ出力プロシージャを呼び出します。

```
Prc_WriteLog.Call(&Pgmname,"商品出荷プロシージャが開始されました。")
```

処理の最後の位置で、ログ出力プロシージャを呼び出します。

```
Prc_WriteLog.Call(&Pgmname,"商品出荷プロシージャの処理結果は「" + &Message + "」です。")
Prc_WriteLog.Call(&Pgmname,"商品出荷プロシージャが終了しました。")
```

◆アプリケーションの実行

商品出荷画面で出荷ボタンを押し、ログ出力を確認します。

【1】ビルド＞開発者メニューを実行 を行います

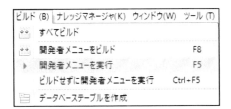

【2】開発者メニューが開いたら、商品出荷画面を開きます

【3】商品出荷処理を実行します

「商品番号」に既存の商品の商品番号を入力して、「検索」ボタンを押下します。

　画面下部に商品の情報が表示されるので、「商品出荷数量」を入力します。

Application Header

First Option　　　　　　　　　Second Option

Recents:　商品 ｜ 商品出荷 ｜

商品出荷

商品番号　　　1

商品名

検索

商品番号　　　1

商品名　　　　商品1

商品在庫数量　1000

商品出荷数量　　10

出荷

出荷ボタンを押下します。

414 ｜ 第3章 GeneXus ドリル

【4】ログファイルを確認します

「出荷完了」のメッセージが画面上に表示されたらログファイルを確認します。

「C:¥Logs」を開くと、作成されたログファイル「LogFile.log」があります。

「LogFile.log」を開くと、出荷ボタン押下時の処理に従ってログ出力されていることを確認します。

```
2018/07/31 13:32:48,WP_ShohinShukka,出荷ボタンが押下されました。
2018/07/31 13:32:48,Prc_ShohinShukka,商品出荷プロシージャが開始されました。
2018/07/31 13:32:48,Prc_ShohinShukka,商品出荷プロシージャの処理結果は「出荷完了」です。
2018/07/31 13:32:48,Prc_ShohinShukka,商品出荷プロシージャが終了しました。
2018/07/31 13:32:48,WP_ShohinShukka,出荷ボタンの処理が終了しました。
```

◆データベースアクセスエラーの検知とエラーログの出力

Error_Handlerルールを使用することで、データベースアクセス時のエラーを検知できます。ここでは、データベースアクセス時のエラーを検知し、ログ出力する例を紹介します。

◆出荷トランザクションの作成

出荷トランザクションを作成して、出荷ボタン押下時に、出荷データをデータベースに格納できるようにします。

【1】ファイル＞新規＞オブジェクト よりTransactionを選択し、名前とデスクリプションを入力して「作成」ボタンを押下します

・名前： Shukka
・デスクリプション： 出荷

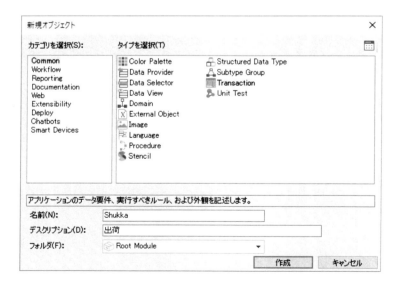

【2】Structureエレメントで以下の通り定義します

設定	名前	タイプ	デスクリプション
主キー	ShukkaId	Numeric(4.0)	出荷番号
	ShohinId	Numeric(4.0)	商品番号
	ShohinShukkaSu	Numeric(4.0)	商品出荷数量

◆出荷データ作成処理の追加

商品出荷プロシージャに出荷データ作成処理を追加します。

【1】商品出荷プロシージャを開きます

KBエクスプローラーのツリーから、Prc_ShohinShukkaを開きます。

【2】Variablesエレメントで変数を追加します

以下の変数を追加します。

名前	タイプ
ShukkaId	Attribute:ShukkaId

【3】Rulesエレメントでパラメータを追加します

2番目の位置に入力パラメータ&ShukkaIdを追加します。

```
Parm(in:&ShohinId,in:&ShukkaId,in:&ShohinShukkaSu,out:&Message);
```

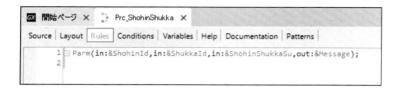

【4】Sourceエレメントに処理を追加します

開始ログを出力している直後に出荷データ作成処理を追加します。

```
//出荷の作成
New
    ShukkaId = &ShukkaId
    ShohinId = &ShohinId
    ShohinShukkaSu = &ShohinShukkaSu
EndNew
```

処理を分かりやすくするため、直下のFor each文に対してコメントを追加します。

```
//商品の更新
```

◆出荷番号入力域の追加

商品出荷画面に出荷番号の入力域を追加します。

【1】商品出荷画面を開きます

KBエクスプローラーのツリーから、WP_ShoinShukka を開きます。

【2】Variablesエレメントで変数を追加します

以下の変数を追加します。

名前	タイプ
ShukkaId	Attribute:ShukkaId

第3章　GeneXus ドリル　419

【3】Web Formエレメントを開いて編集します

商品番号テキストブロックで右クリックメニューを開き テーブル＞行を挿入 を選択します。

商品番号の下に新しい行が挿入されます。

商品番号テキストブロックと変数&ShohinIdを新しい行へドラッグアンドドロップで移動します。

空いた行へ「項目属性/変数」コントロールをドラッグアンドドロップして、変数&ShukkaIdを配置します。

空いた行の標題の位置に「テキストブロック」コントロールをドラッグアンドドロップします。

配置した「テキストブロック」コントロールのプロパティを以下のように変更します。

プロパティ	値
Caption	出荷番号

【4】Eventsエレメントを開いて編集します

　商品出荷プロシージャ呼び出し時に、画面で入力された出荷番号を受け渡します。第2パラメータに&ShukkaId変数を追加します。

```
Prc_ShohinShukka(&ShohinId,&ShukkaId,&ShohinShukkaSu,&Message)
```

◆データベースアクセスエラー検知処理の追加

　商品出荷プロシージャに、データベースへのアクセスエラー検知処理を追加します。

【1】商品出荷プロシージャを開きます

　KBエクスプローラーのツリーから、Prc_ShohinShukkaを開きます。

【2】Variablesエレメントで変数を追加します

以下の変数を追加します。

名前	タイプ
IsError	Boolean

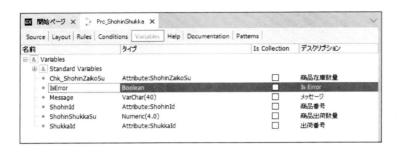

【3】Sourceエレメントに処理を追加します

　Sourceエレメントの末尾にサブルーチンを追加し、エラーを検知した時に行う処理を記述します。

```
//データベースアクセスエラーの検知
Sub "Error_Handler"
    &IsError = True
    Msg(&gxDBTxt)
    Prc_WriteLog.Call(&Pgmname,&gxDBTxt)
EndSub
```

処理内容は次の通りです。

・&IsError変数の値をTrueにする。
・出荷指示画面にエラーメッセージを表示する。
・ログファイルにエラーメッセージを書き出す。

　&gxDBTxt変数は予約変数であり、データベースアクセスエラー時にデータベースが出力したエラーメッセージを取得します。

【4】Rulesエレメントでルールを追加します

　データベースアクセスエラーを検知するため、Error_Handlerルールを追加します。Error_Handlerルールのパラメータにはサブルーチン名を指定します。サブルーチンに、データベースアクセスエラー検知時に行う処理を記述します。今回、サブルーチン名は「Error_Handler」とします。

```
Error_Handler("Error_Handler");
```

◆データベースアクセスエラー時の終了処理の追加

　データベースアクセスエラーが検知された場合は、現在行っているデータベースアクセス処理を適切に終了させる必要があります。

　この例で扱っている出荷指示プロシージャでは、出荷データの作成処理と、商品データの更新処理の箇所でデータベースアクセスを行っています。これらの箇所ではデータベースアクセスエラーが検知される可能性があります。そのため、これらの処理それぞれに対して、エラー

時の処理手順を記述する必要があります。

【1】Sourceエレメントに、出荷データの作成エラー時の処理を追加します

出荷データの作成処理の直後に、以下の処理を追加します。

```
//データベースアクセスエラーが発生した場合は処理を終了
If &IsError = True
    Msg("出荷の作成が失敗しました。")
    Prc_WriteLog.Call(&Pgmname,"出荷の作成が失敗しました。")
    Prc_WriteLog.Call(&Pgmname,"商品出荷プロシージャが終了しました。")
    Rollback
    Return
Endif
```

エラーが検知されたかどうかは、&IsError変数がTrueになっているかどうかで判断します。

この例では、出荷データの作成処理でエラーを検知した時には以下の手順で処理を終了するようにしています。

・出荷指示画面に作成失敗のメッセージを表示する。

・ログファイルに作成失敗のメッセージを書き出す。

・ログファイルにプロシージャ終了のメッセージを書き出す。

・ロールバック

・Returnコマンドでこのプロシージャを終了

426 │ 第3章 GeneXus ドリル

【2】Sourceエレメントに、商品データの更新エラー時の処理を追加します

同様に、商品データの更新処理の直後に、以下の処理を追加します。

```
//データベースアクセスエラーが発生した場合は処理を終了
If &IsError = True
    Msg("商品の更新が失敗しました。")
    Prc_WriteLog.Call(&Pgmname,"商品の更新が失敗しました。")
    Prc_WriteLog.Call(&Pgmname,"商品出荷プロシージャが終了しました。")
    Rollback
    Return
Endif
```

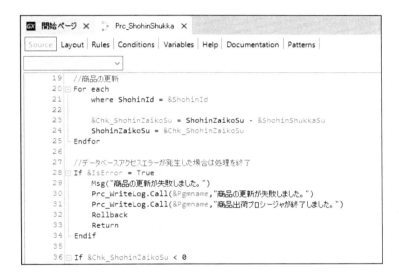

◆アプリケーションの実行

データベースアクセスエラーが検知された際に、エラーログが出力されることを確認します。

【1】ビルド＞開発者メニューを実行 を行います

【2】開発者メニューが開いたら、商品出荷画面を開きます。

【3】商品出荷画面の処理を実行します
「商品番号」に既存の商品番号を入力して、「検索」ボタンを押下します。すると画面下部に商品の情報が表示されます。
「出荷番号」に任意の番号を指定し、「商品出荷数量」を入力します。

「出荷」ボタンを押下します。すると「出荷完了」のメッセージが画面上に表示されます。

Application Header

First Option　　　　　　　　　　　　**Second Option**

Recents:　　出荷　|　商品　|　商品出荷　|

商品出荷

- 出荷完了

商品番号　　　　1

商品名

検索

出荷番号　　　　　　1

商品番号　　　　1

商品名　　　　　商品1

商品在庫数量　980

商品出荷数量　　　　0

出荷

ここで出荷トランザクション画面を確認すると、出荷データが作成されていることが分かります。

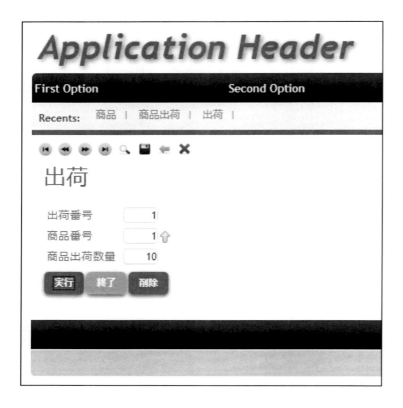

再度、商品出荷画面に戻り、「商品番号」に既存の商品番号を入力して、「検索」ボタンを押下します。すると画面下部に商品の情報が表示されます。

「出荷番号」に、先ほどと同じ出荷番号を指定し、「商品出荷数量」を入力します。

Application Header

First Option　　　　　　**Second Option**

Recents:　商品 ｜　出荷 ｜　商品出荷 ｜

商品出荷

商品番号　　　1
商品名

検索

出荷番号　　　　1
商品番号　　　1
商品名　　　　商品1
商品在庫数量　980
商品出荷数量　　10

出荷

出荷ボタンを押下します。するとデータベースが出力したエラーメッセージと、出荷データの作成が失敗したという内容のメッセージが画面上に表示されます。すでに存在している「出荷番号」で出荷データを作成しようとしたためです。

第3章　GeneXus ドリル　｜　431

【4】ログファイルを確認します。

「C:¥Logs」を開くと、ログファイル「LogFile.log」が見つかります。

「LogFile.log」を開くと、ログが追記されており、データベースが出力したエラーメッセージも出力されていることが確認できます。

3-4-4　デプロイ（WAR作成、Tomcat）編

【キーワード】デプロイ機能，WARファイル

　本項では、作成したアプリケーションのデプロイ方法を紹介します。
　GeneXusのデプロイ機能を使用してアプリケーションを取りまとめたWAR（Web Application Archive）ファイルを作成し、アプリケーションサーバー上のTomcatにデプロイします。
　今回は、ジェネレーター設定がJavaWeb、サーブレットコンテナとしてTomcatを使用していることを前提とします。Tomcatはサーブレットコンテナとして動作すると同時に簡易Webサーバーでもあるので、手軽にWebアプリケーションを公開可能です。

◆ジェネレーター設定を変更

　ジェネレーターの設定を変更し、サーバーアドレスを定義します。

【1】ジェネレーターのプロパティ「Web Root」を変更します

　画面左下の設定タブを開き、ジェネレーター＞Default (JavaWeb) のプロパティを開きます。（画面左下に設定タブがない場合は、メニューバーから 表示＞その他のツールウィンドウ から選択可能です）プロパティ「Web Root」に、以下の書式で設定します。

[アプリケーションサーバーのアドレス（：必要ならポート番号）]/[ナレッジベース名]/servlet/

この例ではhttp://RL34226M:8080/JbccDeploy/servlet/となります。

◆データストア設定を変更

アプリケーションにアクセスさせるデータベースの情報に変更します。

【1】設定ウィンドウのデータストアを開き、データストアの設定を変更します

アプリケーションサーバーへ置いたアプリケーションからアクセスさせるデータベースが、開発環境で利用していたデータベースと異なる場合に情報を変更します。
（プロパティ「Server name」をlocalhostからアプリケーションサーバのアドレスRL34226Mに変更しています。））

◆メインプログラムプロパティを変更

デプロイするアプリケーションを明示します。明示するには、各オブジェクトが持つメインプログラムプロパティをTrueに変更します。

【1】ユーザーが呼び出すアプリケーションを選択します

これまで作成したオブジェクトから、ユーザーがURLやコマンドを使用して呼び出すことになるオブジェクトを選択します。

オブジェクト名	デスクリプション
Juchu	受注
Shohin	商品
WP_ShohinShukka	商品出荷
WWKokyaku	Work With 顧客

【2】ユーザーが呼び出すアプリケーションのメインプログラムプロパティを変更します

選択したオブジェクトのプロパティを以下のように変更します。

プロパティ名	値
Main program	True

● Juchu

● Shohin

● WP_ShohinShukka

● WWKokyaku

【3】プロパティの変更結果を確認します

　KBエクスプローラーのツリーの上の方に「Main Programs」というカテゴリーがありますが、これを開くと、メインプログラムプロパティをTrueに設定したすべてのオブジェクトを見ることができます。

◆すべてリビルドを実行

「すべてリビルド」を実行すると、設定がアプリケーションオブジェクトに反映されます。

【1】メニューバーから ビルド＞すべてリビルド を実行します

　すべてリビルドが成功したことを確認します。

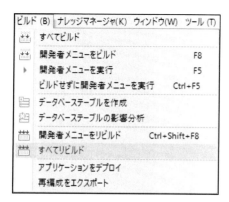

◆WARファイルを作成

GeneXusのデプロイ機能を使用してWARファイルを作成します。

【1】メニューバーから ビルド＞アプリケーションをデプロイ を実行します

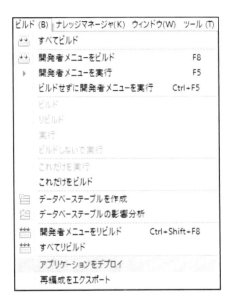

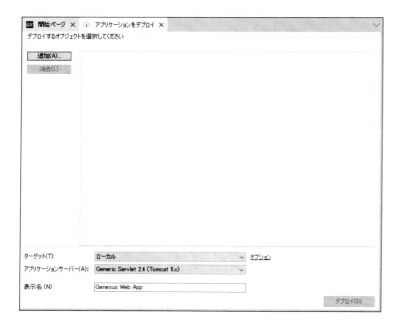

【2】デプロイ対象オブジェクトを追加します

「追加」ボタンを押下すると「オブジェクトを選択」画面が開きます。カテゴリ「Main Programs」、タイプ「＊オブジェクト」で絞り込み、表示されたオブジェクトをすべて選択して「OK」ボタンを押下します。

438　第3章　GeneXusドリル

追加したオブジェクトが画面中央のツリーに表示されます。

【3】ターゲット環境を選択します

　デプロイするターゲット環境を選択します。「AWS Elastic Beanstalk」といったクラウド環境へのデプロイを選択することも可能です。今回は「ローカル」を選択します。「ローカル」を選択すると、アプリケーションサーバーへ配置できるWARファイルが、開発に使用しているPC上に作成されます。

【4】アプリケーションサーバーを選択します

実装環境として準備したアプリケーションサーバーソフトに該当するものを選択します。今回は「Tomcat8.x」を選択します。

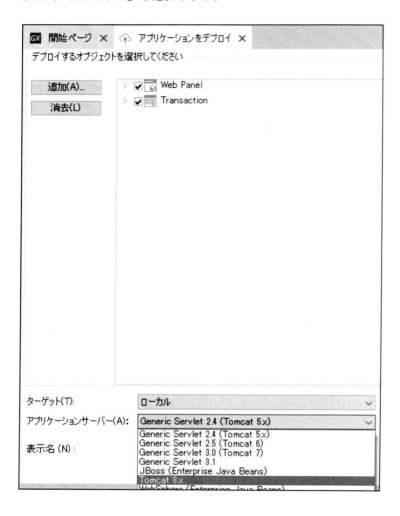

【5】表示名を設定します

表示名には、ナレッジベース名を指定します。

【6】「デプロイ」ボタンを押下します

デプロイ処理の終了を確認します。

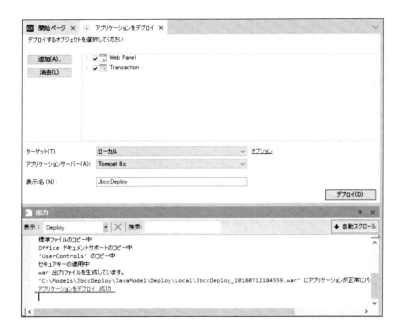

◆アプリケーションサーバーへのデプロイ

作成したWARファイルをデプロイすることで、アプリケーションが利用可能になります。

【1】WARファイル作成先フォルダを開きます

メニューバーから ツール＞ナレッジベースディレクトリー を開きます。JavaModel ＞ Deploy ＞ Local を開きます。ここにWARファイルが作成されています。

WARファイル名は「ナレッジベース名+タイムスタンプ.war」になっています。特に指定しなければWARファイル名がコンテキストパスになるため、WARファイル名を「ナレッジベース名.war」に変更します。

　アプリケーションサーバーのTomcatインストールフォルダ内の「webapps」フォルダを開きます。先ほど名前を変更した「ナレッジベース名.war」ファイルを「webapps」フォルダへコピーまたは移動します。少し待つとwarファイルと同じ名前のフォルダが自動で作成されます。これでデプロイ完了です。

　フォルダが自動で作成されない場合は、Tomcatが開始されているか確認してください。
　WARファイルを新しいものへ置き換えたい場合は、「webapps」フォルダ内のWARファイルを削除します。少し待つと、WARファイルと同じ名前のフォルダも自動で削除されます。どちらも削除されたことが確認できたら、新しいWARファイルを置きます。

◆アプリケーションの実行

デプロイしたアプリケーションへアクセスして、アプリケーションが動作することを確認します。

【1】ブラウザのアドレス欄に、以下の書式でURLを入力して開きます

[アプリケーションサーバーのアドレス(:必要ならポート番号)]/[ナレッジベース名]/servlet/[Javaパッケージ名].[オブジェクト名(英小文字)]

今回は、以下のURLで商品トランザクション画面が開きます。
http://RL34226M:8080/JbccDeploy/servlet/com.jbccdeploy.shohin
URLは、アプリケーションサーバー名やナレッジベース名ごとに異なります。

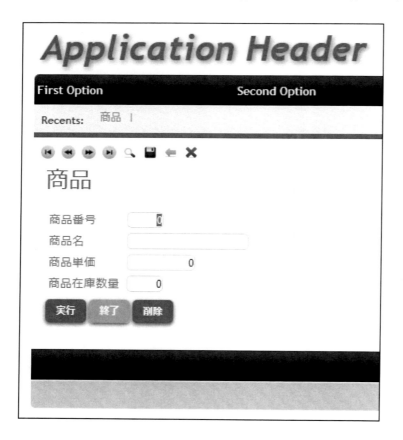

また以下のURLでは、顧客一覧画面が開きます。
http://RL34226M:8080/JbccDeploy/servlet/com.jbccdeploy.wwkokyaku

　データ登録を何件か行い、目的のデータベースに接続できていることやデータ登録が可能であることを確認します。

第3章　GeneXus ドリル　445

あとがき　〜システム開発上流工程の重要性

　GeneXusによるWebシステム開発の概要をご理解いただけたでしょうか。2000年前後をご存じであれば、当時のCASEツールと比べ段違いに進化していることを実感していただけたと思います。

　開発ツールの進化により、アプリケーションは高速開発が可能になっています。しかし、アプリケーション開発には高速性だけでなく、同時に高品質であることも求められます。高品質とは本来、アプリケーションのバグ削減だけでなく、経営、事業部門の要求が正しく反映されていることと言えます。高品質なシステム開発には、経営、事業部門の要求を漏れなく齟齬なく抽出し、システム要件に落とし込む必要があります。
　要求と要件をまとめるのがシステム開発における上流工程の役割です。高速で高品質な開発を実現するには、上流工程が重要です。

　曖昧な要求や抽出漏れ、不整合がありますと、いくら高速開発しても修正が必要ですし修正の正しさも判断できません。例えば、商品の分類は流通部門なら商品特性の観点、製造部門なら製造特性の観点、購買部門なら購買に関する商品特性の観点で管理したいでしょう。会計部門では商品ごとの原価、利益が計算可能となるように管理する必要があります。事業部門毎に様々な要求があるのがおわかりいただけると思います。上流工程で各部門の要求を引き出し整合させてからシステム要件に落とさないと、修正が修正を呼ぶことになります。

　業務要件をプログラムからリバースできないか？と、お問合せをいただくことがあります。
　業務要件からプログラムを組むことはできますが、プログラムから業務要件を割り出すのは無理があります。例えば、そのロジックが法律によるものなのか何らかの業務要求によるものなのか、これだけでも判断は難しいものです。

　システム開発や再構築では、経営や事業部門が主体となり実現すべき事を考え、その実現手段としてIT技術を検討すべきですし、かつてはそのようにしたはずです。AIなどIT技術がイノベーションされつつありますが、IT技術を効果的に活用するためにも上流工程が重要です。
　残念ながら、10年前に開発した際の上流工程ドキュメントを保守し続けている企業は少ないでしょう。しかし、上流工程の支援ツールを活用することで、従来と比較すれば容易に要求や要件の整合性を確認可能です。

　上流工程ドキュメントは自社に取り戻せます。ぜひお問合せください。

2019年5月　ＪＢＣＣ株式会社

索引

記号・数字

■記号

.bat 247, 269, 272

アルファベット

■A

Address 23, 58, 323, 326
AppMasterPage 73, 74, 84, 93, 100, 111, 121

■B

blob 159, 174, 184, 196

■C

Call ... 56, 71, 72, 80, 81, 87, 88, 89, 102, 139, 140, 142, 146,
  163, 172, 181, 192, 218, 220, 225, 230, 247, 249, 250, 255,
  412, 413, 424, 426, 427

■D

Data View 150, 155, 275, 283, 284, 288, 289
DataProvider 96
DBRET 150, 152, 275, 280
Decrypt64 .... 56, 69, 70
Directory 196, 209, 218, 408, 410

■E

Encrypt64 .... 56, 60
ExcelDocument データタイプ ... 174, 176, 177, 178, 186,
  188, 189, 190

■F

File 196, 205, 207, 209, 218, 219, 223
FromImage 196, 214, 215

■G

Geolocation 323, 326, 342, 360
GetEncryptionKey 56, 60

■H

HttpRequest 56, 196, 209, 222

■I

Image 209, 215, 305, 307
Is Password 56, 58, 59

■J

Java .. 2, 19, 73, 114, 247, 261, 262, 265, 266, 267, 271, 307,
  312, 325, 358, 402, 406, 433, 444
JDBC ログ 402, 406

■K

KB ナビゲーター 323

■L

Length 196, 218
Link 108, 110, 119, 120, 131, 143, 196, 209, 223, 388
Lower 196, 217

■M

Master Page 56, 64, 73
Msg 52, 53, 56, 68, 69, 70, 112, 139, 140, 142, 163, 172, 181,
  192, 250, 251, 252, 253, 261, 384, 385, 386, 388, 393, 395,
  396, 397, 401, 424, 426, 427

■N

new 159, 174

■P

PadL 131, 139, 140, 142, 146, 196, 218
Popup 196, 228, 233

■S

SD Scanner 305, 308
StrSearchRev 196, 217
Structured Data Type 56, 62, 63, 65, 105
Submit 247, 250, 251, 258
Substr 196, 217
SubtypeGroup 296

■ T

ToString 131, 139, 140, 142, 146, 196, 218, 222

Trim .. 131, 139, 140, 142, 146, 160, 169, 189, 196, 218, 222, 386, 388, 396

■ U

Udp 122, 139, 140, 142, 146, 196, 225

■ W

WAR ファイル 433, 437, 439, 442, 443

WebSession 56, 65, 71, 72, 74, 78, 79, 80, 81

Work With for Smart Devices 305, 309, 312, 323, 332, 347, 357

日本語

■ く

区切り ASCII ファイル関数 159, 168, 407

■ て

データストア . 265, 275, 276, 278, 280, 284, 289, 290, 292, 293, 434

デプロイ機能 406, 433, 437

■ ゆ

ユーザーコントロール 96, 98, 99

著者紹介

ＪＢＣＣ株式会社

ＪＢＣＣ株式会社は、前身の日本ビジネスコンピューター株式会社の1964年創立以来、
18,000社を超えるお客様にソリューションを提供してきました。
流通・製造・金融、公共公益・医療など事業領域は幅広く、お客様の成長をさまざまな側
面からサポートしています。
近年、システム開発においては独自のアジャイル開発手法を確立し、推進しています。

◎本書スタッフ
アートディレクター/装丁：岡田 章志＋GY
編集：向井 領治
デジタル編集： 栗原 翔

●落丁・乱丁本はお手数ですが、インプレスカスタマーセンターまでお送りください。送料弊社負担 てお取り替え
させていただきます。但し、古書店で購入されたものについてはお取り替えできません。
■読者の窓口
インプレスカスタマーセンター
〒101-0051
東京都千代田区神田神保町一丁目 105番地
TEL 03-6837-5016／FAX 03-6837-5023
info@impress.co.jp
■書店／販売店のご注文窓口
株式会社インプレス受注センター
TEL 048-449-8040／FAX 048-449-8041

実践！GeneXusによるシステム開発
開発ノウハウをドリル形式で集約

2018年10月11日　初版発行Ver.1.0（PDF版）
2019年5月23日　　Ver.1.1

著　者　ＪＢＣＣ株式会社
編集人　桜井 徹
発行人　井芹 昌信
発　行　株式会社インプレスR&D
　　　　〒101-0051
　　　　東京都千代田区神田神保町一丁目105番地
　　　　https://nextpublishing.jp/
発　売　株式会社インプレス
　　　　〒101-0051　東京都千代田区神田神保町一丁目105番地

●本書は著作権法上の保護を受けています。本書の一部あるいは全部について株式会社インプレスR
＆Dから文書による許諾を得ずに、いかなる方法においても無断で複写、複製することは禁じられてい
ます。

©2019 JBCC Holdings Inc. All rights reserved.
印刷・製本　京葉流通倉庫株式会社
Printed in Japan

ISBN978-4-8443-9865-3

Next Publishing®

●本書はNextPublishingメソッドによって発行されています。
NextPublishingメソッドは株式会社インプレスR&Dが開発した、電子書籍と印刷書籍を同時発行できる
デジタルファースト型の新出版方式です。https://nextpublishing.jp/